부드럽고 달콤한 행복 레시피

스위트 롤케이크

오가와 세이코 저 김수연 역

Contents

촉촉하고 부드러운 제누아즈 반죽으로 만드는 롤케이크

가볍고 폭신폭신한 비스퀴 반죽으로 만드는 롤케이크

✽ 재료표에 있는 달걀의 개수는 대란(약 60g)을 사용했을 때의 개수입니다.

✽ 오븐에서 굽는 시간은 예열한 뒤의 표준시간입니다. 자신이 갖고 있는 오븐의 특성에 맞춰서 시간을 알맞게 조절하세요.

✽ 전자레인지의 가열시간은 강(500W 기준)에 놓고 가열했을 때의 표준시간입니다.

롤케이크를 만들 때 사용하는 도구들

롤케이크를 만들 때 실패 없이 깔끔하게 완성하기 위해서는 도구를 잘 선택하는 것이 중요합니다. 자신에게 맞는 편리한 도구를 선택하여 더욱 즐겁게 롤케이크를 만들어보세요.

전자저울

베이킹할 때는 재료를 정확하게 계량해야 한다. 롤케이크의 기본 반죽은 박력분, 달걀, 설탕의 단순한 구성이라서 배합이 조금만 달라져도 완성품의 맛과 모양이 크게 달라질 수 있다.

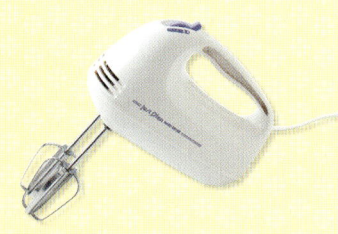

핸드믹서

재료를 골고루 섞거나 거품을 낼 때 거품기를 사용하는데, 빠르게 단단한 거품을 내려면 핸드믹서가 편리하다. 믹서에 따라 휘핑 속도를 2~3단계로 조절할 수 있으므로, 재료의 상태를 확인하면서 조절한다.

믹싱볼

반죽을 섞거나 휘핑할 때 사용한다. 제누아즈 반죽(4~46p)에서는 휘핑할 때 믹싱볼을 1개만 사용하지만, 비스퀴 반죽(47~75p)에서는 달걀노른자와 달걀흰자를 따로 휘핑하기 때문에 2개가 필요하다. 깊이가 있는 볼이 휘핑하기 쉽다.

만능체

박력분 등 가루 재료를 곱게 거를 때 사용한다. 가루가 덩어리지는 것을 방지하고 가루 사이에 공기를 함유시켜 빵이 잘 부풀도록 돕는다.

거품기

달걀을 풀거나 재료를 고루 섞을 때 사용한다. 반죽을 할 때는 핸드믹서가 편리하지만, 크림을 만들거나 섞을 때는 거품기를 쓴다. 생크림도 핸드믹서로 만들면 지나치게 휘핑될 수 있으므로 거품기를 사용한다.

스패출러

롤케이크 시트 위에 크림을 얇게 펴바를 때 사용한다. 주걱 부분이 길어서 크림을 골고루 바르기 쉽다.

고무주걱

사진과 같은 실리콘 제품은 주걱 부분과 손잡이 부분이 일체형으로 되어 있어 세척하기 편리하다.

스크레이퍼

사각팬에 부은 반죽을 펴거나 반죽의 표면을 평평하게 고를 때 얇고 납작한 스크레이퍼를 사용하면 아주 편리하다.

롤케이크용 사각팬

이 책에서는 29×29cm의 사각팬을 사용하였으나, 각자 오븐 사이즈에 적합한 것을 사용한다. 오븐에 부속품으로 들어 있는 사각팬을 사용해도 된다. 바닥이 평평하지 않다면 알루미늄 포일 등을 깔아서 반죽을 고르게 부을 수 있도록 준비한다.

인공대리석 작업대(또는 식힘망)

롤케이크 시트는 두께가 얇으므로 식힘망에 얹어서 식히게 되면 자국이 생기기 쉽다. 사진과 같이 인공대리석 작업대를 사용하면 모양을 그대로 유지하면서 다음 작업도 바로 할 수 있어 편리하다. 식힘망을 쓸 때는 시트를 뒤집어서 식히면 좋다.

종이포일(또는 유산지)

반죽을 구울 때는 물론, 구워낸 뒤에 케이크를 말 때도 종이포일을 이용한다. 반죽을 구울 때는 되도록 제과용 종이포일이나 유산지를 사용하는 것이 좋지만, 없다면 오븐 시트를 사용해도 된다.

제누아즈 반죽으로 만드는 롤케이크

✱ 촉촉하고 부드러운 ✱

아주 쉽게 만들 수 있으면서 맛도 좋은, 스펀지 반죽으로 만드는 롤케이크를 소개합니다.

제누아즈 반죽이란 계란노른자와 흰자를 한꺼번에 휘핑해서 만드는 공립법 스펀지 반죽을 말합니다.

촉촉하고 입에서 사르르 녹는 부드러운 스펀지 시트를 만들 때 재료는 달걀과 설탕, 박력분만 있으면 되지요!

기본 롤케이크를 만드는 방법에서는 심플하게 휘핑크림만 넣은 롤케이크를 만들어봅니다.

PART 1

제누아즈 기본 롤케이크 만드는 방법 ✳✳✳✳✳✳✳✳✳✳✳✳✳✳✳✳✳✳✳✳✳✳✳

재료
(29×29cm 사각팬 1개 분량)

- 달걀 3개
- 설탕 80g
- 박력분 50g

- 생크림 200㎖
- 설탕 2큰술

✱ 반죽의 재료에 대해서

이 책에서는 달걀과 설탕, 박력분만을 사용해서 반죽을 만들었습니다. 달걀은 대란(약 60g)을 사용하였습니다. 달걀은 흰자가 퍼지지 않고 탄력 있는 신선한 것을 고르세요. 설탕에는 달걀거품을 안정시키는 기능이 있습니다. 이 책에서는 대부분 잘 녹는 백설탕을 사용했지만 흑설탕(34p)이나 메이플 슈거(36p)를 사용하면 또 다른 맛이 납니다. 박력분은 강력분에 비해 글루텐 함량이 낮아 더욱 섬세한 맛을 느낄 수 있습니다.

준비
☐ 사각팬에 종이포일을 깐다(아래).
☐ 오븐을 180℃로 예열한다.

✱ 사각팬에 종이포일 깔기

종이포일(4p)을 사각팬의 바닥 크기에 맞춰 접은 다음, 팬의 둘레 높이보다 조금 더 크게 자른다.

바닥 크기에 맞춰서 가장자리를 접고 네 귀퉁이에 가위집을 넣는다.

사진처럼 사각팬 안에 종이포일을 깐다.

✱ 달걀과 설탕 거품내기

1 달걀을 믹싱볼에 넣어 가볍게 거품을 낸 뒤 설탕을 넣는다.

2 핸드믹서를 고속으로 놓고 휘핑한다.

3 공기가 충분히 들어가 희고 부드러워질 때까지 계속 휘핑한다.

4 반죽을 떨어뜨렸을 때 자국이 없어지지 않고 얼마간 쌓여 있는 상태가 되면 OK.

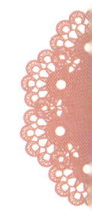

✽ 박력분 넣기

5 박력분을 체로 쳐서 넣는다.

6 믹싱볼의 바닥에서부터 크게 뒤집어 섞는다.

7 가루가 보이지 않고 반죽의 표면이 매끄러워질 때까지 잘 섞는다.

8 가루가 완전히 섞여, 반죽을 떨어뜨렸을 때 리본처럼 쌓일 정도까지 섞는다.

✽ 사각팬에 붓고 굽기

9 사각팬의 중앙에 한꺼번에 부어넣는다.

10 스크레이퍼로 반죽의 표면을 다듬으면서 재빨리 네 귀퉁이 쪽으로 넓게 편다.

11 190℃의 오븐 상단에서 약 10분간 굽는다.

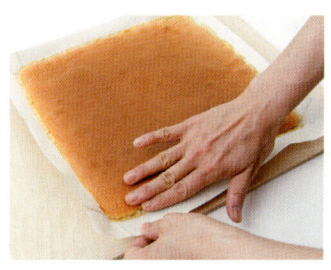

12 다 구워지면 바로 사각팬에서 인공대리석 작업대로 옮겨놓는다. 시트가 오그라들지 않도록 손을 가볍게 댄 상태에서 옆쪽에 붙어 있는 종이포일을 조심스럽게 떼어낸다.

13 시트가 마르지 않도록 랩을 씌우고 그대로 식힌다. 2~3시간 정도 식히면 시트가 촉촉해져서 말기 쉬워진다.

* 생크림 휘핑하기

14
믹싱볼에 생크림과 설탕을 넣는다.

15
믹싱볼을 얼음물에 담그고 폭신해진 크림이 뾰족하게 설 때까지 휘핑한다.

* 크림 바르기

16
종이포일을 시트 위에 올려 놓는다.

17
시트의 끝 쪽을 양손으로 조심스럽게 들어올려서 뒤집는다.

18
귀퉁이에서부터 포일을 살살 깨끗하게 떼어낸다. 떼어낸 종이포일째 시트를 조심스럽게 뒤집는다(떼어낸 종이포일을 사용해 만다).

19
시트에 몸 쪽부터 약 2cm 간격으로 칼집을 살짝 넣는다.

20
중간 정도까지 칼집을 넣는다. 이렇게 하면 시트가 벌어지지 않아 깔끔하게 말 수 있다.

21
생크림을 골고루 바르기 위해 사진처럼 휘핑한 생크림을 시트 위에 나누어 올린다.

22
스패출러로 얇게 펴바른다.

23
몸 쪽에서 3분의 1지점까지는 약간 두껍게 바른다.

✱ 롤 말기

24 양손으로 종이포일을 잡고 나란히 들어올린다.

25 그대로 종이포일을 위로 들어 시트를 종이포일째 들어올린다.

26 시트가 자연스럽게 넘어가도록 손가락으로 밀면서 종이포일을 살짝 당긴다.

27 종이포일이 말려들어 가지 않도록 앞쪽으로 빼내면서 시트를 둥글게 만다.

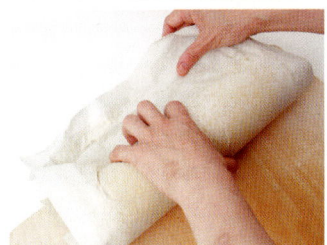

28 시트를 가볍게 눌러가며 끝까지 만다.

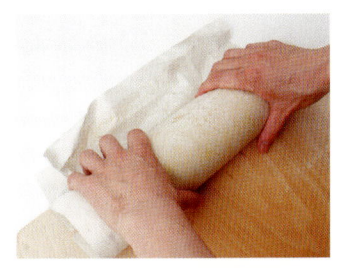

29 양손으로 쥐고 모양을 둥글게 다듬는다.

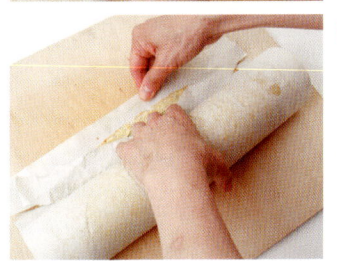

30 롤을 몸 쪽으로 가져온 다음 위쪽의 종이포일을 누르면서 아래쪽의 종이포일을 잡아당겨 롤 모양이 단단히 잡히도록 조인다.

31 옆에서 보면 시트가 크림을 단단히 감싼 것처럼 보인다.

32 양쪽 가장자리에 삐져나온 크림을 가볍게 누르면서 종이포일을 접어넣는다.

33 한 번 더 랩으로 싸서 모양을 다듬고 냉장고에서 1시간 이상 굳힌다. 모양이 찌그러질 수 있으니 양쪽 가장자리의 랩은 비틀지 않는다.

✱ 랩과 종이포일을 벗겨낸 다음 한 손으로 가볍게 누른 상태에서 잘 드는 식칼이나 빵칼 등을 사용하여 먹기 좋은 크기로 자른다.

코코아 바나나 롤케이크

제누아즈 기본 반죽에 코코아를 섞고 시트에 바나나를 넣어 말았습니다.
손쉽게 만들 수 있어 인기 만점인 롤케이크입니다.

코코아를 미리 체로 쳐서 박력분과 섞으면 전체적으로 고르고 예쁜 코코아 색 반죽이 된다.

재료
(29×29cm 사각팬 1개 분량)

```
┌ 달걀  3개
│ 설탕  80g
├ 박력분  40g
└ 코코아  10g
┌ 생크림  150㎖
└ 설탕  2큰술
바나나  2~3개
```

준비

□ 코코아는 체 쳐서 박력분과 섞는다(**POINT 1**).
□ 사각팬에 종이포일을 깐다.
□ 오븐을 190℃로 예열한다.

만드는 방법

1 제누아즈 기본 롤케이크 만드는 방법 ①~⑬을 참고하여 만든다. 코코아와 섞은 박력분을 넣고 반죽을 구워낸 다음 식힌다.

2 시트에 칼집을 넣은 다음 생크림과 설탕을 휘핑해서 시트 위에 바르고 바나나를 올려놓는다(**POINT 2**).

3 9p의 ㉔~㉝의 방법으로 2를 만다(**POINT 3**). 종이포일로 만 상태에서 한 번 더 랩으로 싸서, 냉장고에서 1시간 이상 굳힌 다음 먹기 좋은 크기로 자른다.

바나나는 반듯한 부분을 사용한다. 약간 휘어져 있는 경우에는 손으로 곧게 다듬어서 사용하고, 많이 휘어져 있다면 잘라서 쓴다. 두껍게 바른 크림 속에 박히도록 가볍게 누른다.

종이포일을 양손으로 들어올려 시트를 앞쪽으로 넘긴 뒤 바나나를 중심으로 단단하게 만다.

녹차 롤케이크

박력분에 가루녹차를 넣어 선명한 초록색의
시트를 만들었습니다. 크림도 녹차를 넣어 초록색으로
만들면 싱그러운 녹차의 풍미가 한층 더해집니다.

재료
(29×29cm 사각팬 1개 분량)

달걀 3개
설탕 80g
박력분 40g
가루녹차 1큰술(7g)

녹차크림

생크림 200㎖
설탕 4큰술
가루녹차 1큰술

준비

☐ 시트용 녹차는 미리 체 쳐서 박력분과 섞어둔다.
☐ 사각팬에 종이포일을 깐다.
☐ 오븐을 190℃로 예열한다.

만드는 방법

1 제누아즈 기본 롤케이크 만
드는 방법 ①～⑬을 참고
하여 만든다. 녹차와 섞은
박력분을 넣고 반죽을 구워
낸 다음 식힌다.

2 오른쪽 사진과 같은 방법으
로 녹차크림을 만들어 칼집
을 넣은 **1**에 바른다. 몸 쪽
부터 3분의 1 지점까지는
약간 두껍게 바른다.

3 9p의 ㉔～㉝의 방법으로 **2**
를 돌돌 만다(**POINT ✿**). 종이
포일에 만 상태로 한 번 더
랩으로 싸서, 냉장고에서 1
시간 이상 굳힌 다음 먹기
좋은 크기로 자른다.

녹차크림

설탕과 가루녹차를 잘 섞은 다
음 생크림에 넣고 충분히 거품
을 낸다.

크림을 바를 때 시트의 끝 쪽을 얇게
바르면 롤을 깔끔하게 말 수 있다.

커피 마블 롤케이크

반죽에 커피시럽을 완전히 섞지 않고 얼룩을 남겨두면
대리석처럼 아름다운 마블 무늬가 됩니다.

재료
(29×29cm 사각팬 1개 분량)

달걀 3개
설탕 80g
박력분 50g
A ┌ 인스턴트커피 1큰술
  └ 럼주 2작은술

커피크림

생크림 200㎖
설탕 4큰술
B ┌ 인스턴트커피 2큰술
  └ 럼주 2작은술

준비

☐ A와 B를 각각 녹여서
  커피시럽을 만든다.
☐ 사각팬에 종이포일을 깐다.
☐ 오븐을 190℃로 예열한다.

반죽에 커피시럽을 넣고 크게 세 번
저어준 다음 바로 사각팬에 붓는다.
너무 많이 섞으면 깔끔하고 예쁜 마블
모양이 나오지 않으니 주의한다.

만드는 방법

1 제누아즈 기본 롤케이크 만
드는 방법 ①～⑧을 참고하
여 재료를 섞는다. A를 넣어
재빨리 섞은 다음(**POINT ✿**),
마찬가지로 ⑨～⑬을 참고하
여 반죽을 구워 식힌다.

2 시트에 칼집을 넣은 다음 오
른쪽 사진과 같은 방법으로
만든 커피크림을 시트 위에
바른다. 몸 쪽에서 3분의 1 지
점까지는 약간 두껍게 바른다.

3 9p의 ㉔～㉝의 방법으로 **2**를
만다. 종이포일로 만 상태로
한 번 더 랩으로 싸서 냉장고
에서 1시간 이상 굳힌 다음
먹기 좋은 크기로 자른다.

커피크림

부드럽게 휘핑한 생크림에 B의
커피시럽을 넣고 단단히 거품
을 낸다. 얼룩이 없는 고른 커피
색 크림이 될 때까지 휘핑한다.

과일 롤케이크

선명한 빛깔의 과일들을 넣어, 단면이 예쁜 롤케이크를 만들었습니다.
색감과 식감이 뛰어나 선물로도 좋습니다.

재료
(29×29cm 사각팬 1개 분량)

- 달걀 3개
- 설탕 80g
- 박력분 50g

- 딸기 120g
- 키위 120g
- 망고 120g
- 생크림 150㎖
- 설탕 2큰술

준비
☐ 사각팬에 종이포일을 깐다.
☐ 오븐을 190℃로 예열한다.

만드는 방법

1 딸기는 꼭지를 떼고 키위와 망고는 껍질을 벗긴 다음 모두 길쭉하게 자른다(**POINT**).

2 제누아즈 기본 롤케이크 만드는 방법 ①~⑬을 참고하여 반죽을 구워낸 다음 식힌다.

3 생크림과 설탕을 휘핑해서 칼집을 넣은 **2**에 바르고, 과일을 한 줄씩 가지런히 놓는다(**POINT**).

4 아래 설명과 같은 방법으로 롤을 만든다(**POINT**). 종이포일로 만 상태에서 한 번 더 랩으로 싸서 냉장고에서 1시간 이상 굳힌 다음 먹기 좋은 크기로 자른다.

POINT 1

과일을 비슷한 크기로 길게 자르면 롤을 쉽게 말 수 있다.

POINT 2

과일을 3cm 정도 간격으로 가지런히 올려놓고 크림 속에 박히도록 가볍게 누른다.

POINT 3

1 양손으로 종이포일을 들어올린 다음 앞쪽으로 약간 넘어가도록 만다.

2 밀어내는 느낌으로 종이포일을 잡고 시트를 앞으로 넘긴다.

3 과일이 빠지지 않도록 시트를 가볍게 눌러가며 계속해서 만다.

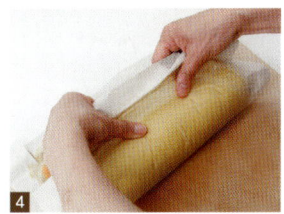

4 종이포일을 당기는 느낌으로 빼내면서 시트를 끝까지 만다. 전체적으로 조금씩 눌러가며 모양을 다듬는다.

만드는 방법

1 제누아즈 기본 롤케이크 만드는 방법 ①~⑧을 참고하여 재료를 섞는다. 라즈베리를 넣고 가볍게 섞어준 다음 (**POINT 1**), ⑨~⑬을 참고하여 반죽을 구워서 식힌다.

2 아래 설명과 같은 방법으로 초콜릿크림을 만든다.

3 칼집을 넣은 **1**에 라즈베리잼을 바르고 그 위에 **2**의 초콜릿크림을 겹쳐 바른다. 9p의 ㉔~㉝의 방법으로 롤을 만다. 종이포일로 만 상태에서 한 번 더 랩으로 싸서, 냉장고에서 1시간 이상 굳힌 다음 먹기 좋은 크기로 자른다.

POINT 1

동결건조된 라즈베리는 수분이 없어서 골고루 잘 섞이기 때문에 잘게 부숴 그대로 반죽에 섞는다.

초콜릿크림

1 잘게 썰어둔 커버처 초콜릿에 가열한 생크림 60㎖를 넣어 녹인다.

2 생크림을 가볍게 휘핑한 후 **1**의 초콜릿을 넣어 충분히 휘핑한다.

Memo

라즈베리
(동결건조)

라즈베리를 그대로 동결건조하여 가공한 것으로 초콜릿의 단맛과 감칠맛에 잘 어울린다.

커버처 초콜릿

제과용 초콜릿으로, 카카오버터가 31% 이상 들어 있으며, 맛뿐만 아니라 완성도를 한 단계 업그레이드해 주는 재료이다. 제과 재료점에서 구입할 수 있다.

라즈베리 롤케이크

라즈베리의 새콤달콤한 맛과 초콜릿의 쌉싸래한 맛이 절묘하게 어우러진 롤케이크!

재료(29×29cm 사각팬 1개 분량)

달걀 3개	**초콜릿크림**
설탕 80g	다크 커버처 초콜릿 100g
박력분 50g	생크림 200㎖
라즈베리(동결건조) 5g	라즈베리잼 4큰술

준비

☐ 라즈베리는 잘게 부수고 커버처 초콜릿은 잘게 썬다.
☐ 사각팬에 종이포일을 깐다.
☐ 오븐을 190℃로 예열한다.

준비

☐ 건조 크랜베리는 잘게 썬다.
☐ 사각팬에 종이포일을 깐다.
☐ 오븐을 190℃로 예열한다.

만드는 방법

1 제누아즈 기본 롤케이크 만드는 방법 ①~⑧을 참고하여 반죽을 만들고, 건조 크랜베리를 뿌려놓은 사각팬에 붓는다(**POINT**❶). ⑩~⑬을 참고하여 반죽을 구워낸 다음 식힌다.

2 아래 설명을 참고하여 딸기버터크림을 만들고 9p의 ㉔~㉝의 방법으로 롤을 만다. 종이포일로 만 상태에서 한 번 더 랩으로 싸서, 냉장고에서 1시간 이상 굳힌 다음 먹기 좋은 크기로 자른다.

크랜베리는 골고루 뿌린다. 반죽은 군데군데 나누어 붓고 크랜베리가 한쪽으로 몰리지 않게 조심스럽게 고루 편다.

딸기버터크림

1 딸기는 잘게 썰어서 약한 불에 올리고 수분이 날아갈 때까지 바짝 조린 뒤 꿀을 넣는다.

2 한 번 더 끓인 뒤 완전히 식힌다.

3 크림 상태로 만든 버터에 **2**를 넣고 섞는다.

더블 베리 롤케이크

반죽에는 크랜베리를 넣고 크림에는 딸기를 넣어서 새콤달콤하고 향이 좋은 롤케이크를 만들었습니다.

재료(29×29cm 사각팬 1개 분량)

달걀 3개
설탕 80g
박력분 50g
건조 크랜베리 5g

딸기버터크림

딸기 150g
꿀 50g
무염버터 120g

Memo

건조 크랜베리

신맛이 있고 선명한 빨간색을 띠고 있으며, 쿠키의 토핑 등에 이용된다.

블루베리 롤케이크

블루베리잼을 바르고 블루베리 열매를 넣어
새콤달콤한 맛이 매력적인 롤케이크.

재료
(29×29cm 사각팬 1개 분량)

- 달걀 3개
- 설탕 80g
- 박력분 50g

- 생크림 200㎖
- 설탕 1큰술

블루베리잼 4큰술
블루베리 100g

준비
☐ 사각팬에 종이포일을 깐다.
☐ 오븐을 190℃로 예열한다.

만드는 방법

1 제누아즈 기본 롤케이크 만드는 방법 ①~⑬을 참고하여
반죽을 구워낸 다음 식힌다.

2 칼집을 넣은 **1**에 잼을 바른 다음, 생크림과 설탕을 휘핑해서
얇게 펴바른다(**POINT 1**).

3 블루베리를 고루 뿌린 다음. 9p의 ㉔~㉝의 방법으로 롤을 만
다. 종이포일로 만 상태에서 한 번 더 랩으로 싸서, 냉장고에서
1시간 이상 굳힌 다음 먹기 좋은 크기로 자른다(**POINT 2**).

잼을 골고루 펴바른다. 생크림은
두 줄로 나누어 올린 다음 스패
츌러로 펴바른다.

블루베리는 시트의 끝 부분을 남
기고 고루 뿌려준다. 블루베리가
크림 속에 박히도록 손으로 가볍
게 누른 다음 롤을 만다.

체리 롤케이크

즙이 많은 체리를 듬뿍 넣어 롤을 말았습니다.
코코아 시트와 체리가 어우러진 맛있는 롤케이크입니다.

Memo

키르슈

체리를 증류시켜 만든 리큐어. 향이 좋아서 시럽으로 만들거나 생크림에 넣어 사용한다.

다크체리

미국체리로 만든 시럽절임. 다크체리는 보통 미국산 체리를 사용하여 만든 것이 많으며, 체리의 씨를 제거하여 통조림으로 만든다.

재료
(29×29cm 사각팬 1개 분량)

- 달걀 3개
- 설탕 80g
- 박력분 40g
- 코코아 10g

- 다크체리 통조림 시럽 3큰술
- 키르슈(체리 브랜디) 1작은술

- 생크림 150㎖
- 설탕 3큰술

다크체리(통조림) 200g

준비

- ☐ 코코아는 체로 쳐서 박력분에 섞는다.
- ☐ 사각팬에 종이포일을 깐다.
- ☐ 오븐을 190℃로 예열한다.

만드는 방법

1 제누아즈 기본 롤케이크 만드는 방법 ①~⑬을 참고하여 만든다. 코코아와 섞은 박력분을 넣고 반죽을 구워낸 다음 식힌다.

2 칼집을 넣은 시트에 체리 통조림의 시럽과 키르슈를 섞은 시럽을 바른다(POINT**1**).

3 생크림과 설탕을 휘핑해서 2에 바른 다음 물기를 제거한 체리를 고루 올려놓고 롤을 만든다(POINT**2**).

4 9p의 ㉔~㉝의 방법으로 롤을 만든다. 종이포일로 만 상태에서 한 번 더 랩으로 싸서, 냉장고에서 1시간 이상 굳힌 다음 먹기 좋은 크기로 자른다.

POINT 1 시트 위에 시럽을 바르면 향이 더욱 풍부해지고 시트가 촉촉해져서 말기 쉬워진다.

POINT 2 시트의 끝 부분을 남기고 체리를 고루 올려놓은 다음, 체리가 크림 속에 박히도록 손으로 가볍게 누른다.

레몬 롤케이크

새콤달콤한 레몬커드크림을 바르고 롤을 말았습니다.
반죽에도 레몬 껍질을 갈아넣어 상큼한 향이 더욱 가미된 롤케이크입니다.

재료
(29×29cm 사각팬 1개 분량)

- 레몬 껍질 간 것　1개분
- 달걀　3개
- 설탕　80g
- 박력분　50g

레몬커드크림

- 레몬 껍질 간 것　1개분
- 레몬즙　50㎖
- 달걀노른자　3개
- 설탕　70g
- 무염버터　80g

준비

☐ 사각팬에 종이포일을 깐다.
☐ 오븐을 190℃로 예열한다.

만드는 방법

1 제누아즈 기본 롤케이크 만드는 방법 ①~⑬을 참고하여 만든다. 달걀과 설탕을 휘핑한 것에 레몬 껍질을 넣고(POINT★), 같은 방법으로 반죽을 구워내 식힌다.

2 오른쪽 설명을 참고하여 레몬커드를 만들고 칼집을 넣은 **1**에 바른다(POINT★).

3 9p의 ㉔~㉝의 방법으로 롤을 만다. 종이포일로 만 상태에서 한 번 더 랩으로 싸서, 냉장고에서 1시간 이상 굳힌 다음 먹기 좋은 크기로 자른다.

POINT 1
달걀과 설탕을 휘핑한 것에 박력분을 넣기 전 레몬 껍질을 넣으면 골고루 잘 섞인다.

POINT 2
몸 쪽에서 절반 정도만 시트에 칼집을 넣고 레몬커드를 바른다. 시트의 끝 쪽에는 약간 얇게 발라야 롤을 깔끔하게 말 수 있다.

레몬커드 크림

1 레몬은 강판으로 표면의 노란 껍질 부분만 간다.

2 껍질을 간 레몬의 과즙을 짜서 분량의 즙을 준비한다.

3 달걀노른자와 설탕을 섞고 레몬 껍질과 레몬즙을 넣어 잘 섞는다.

4 걸쭉해질 때까지 중탕한다.

5 불에서 내리고 버터를 넣은 다음 버터를 녹여가면서 잘 섞어 식힌다.

✱ 레몬의 상큼한 향과 신맛을 즐길 수 있다. 롤케이크뿐만 아니라, 토스트나 쿠키 사이에 바를 수도 있고, 깨끗한 용기에 담아 냉장고에 보관하면 일주일 정도 유지할 수 있다.

요구르트 롤케이크

요구르트를 베이스로 만든 크림은 산뜻하고 담백한 맛이 납니다.
요구르트는 완전히 수분을 제거하고 난 뒤에 사용하세요.

재료
(29×29cm 사각팬 1개 분량)

달걀 3개
설탕 80g
박력분 50g

요구르트크림

요구르트(무가당) 200g
설탕 50g
젤라틴 1/2작은술
물 1큰술
생크림 150㎖
딸기 150g

준비

☐ 사각팬에 종이포일을 깐다.
☐ 오븐을 190℃로 예열한다.

만드는 방법

1 제누아즈 기본 롤케이크 만드는 방법 ①~⑬을 참고하여 반죽을 구워 식힌다.

2 오른쪽 설명을 참고하여 요구르트크림을 만들고, 딸기는 꼭지를 떼서 1cm 크기로 깍둑썰기 한다.

3 칼집을 넣은 **1**에 요구르트크림을 바르고 딸기를 올려놓은 다음 (**POINT**❀), 9p의 ㉔~㉝의 방법으로 롤을 만다. 종이포일로 만 상태에서 한 번 더 랩으로 싸서, 냉장고에서 2시간 이상 굳힌 다음 먹기 좋은 크기로 자른다.

딸기는 시트의 끝 부분을 약간 남기고 고루 올린다. 딸기가 크림 속에 박히도록 손으로 가볍게 누른다.

요구르트크림

1 요구르트는 여러 장을 겹친 키친타월 위에 얇게 펴놓고 키친타월을 계속 갈아가며 물기를 제거한다. 젤라틴은 물에 불려 놓는다.

2 볼에 요구르트와 설탕을 넣고 섞는다.

3 부드러운 상태가 되면 중탕으로 녹인 젤라틴액을 넣고 섞는다.

4 뿔이 뾰족하게 설 때까지 생크림을 가볍게 휘핑한 다음 **3**을 섞는다.

Column 1

한입 사이즈라서 귀엽다! 재밌다!

미니 롤케이크

작은 사이즈의 롤케이크를 만들 때는 시트를 얇게 굽습니다.

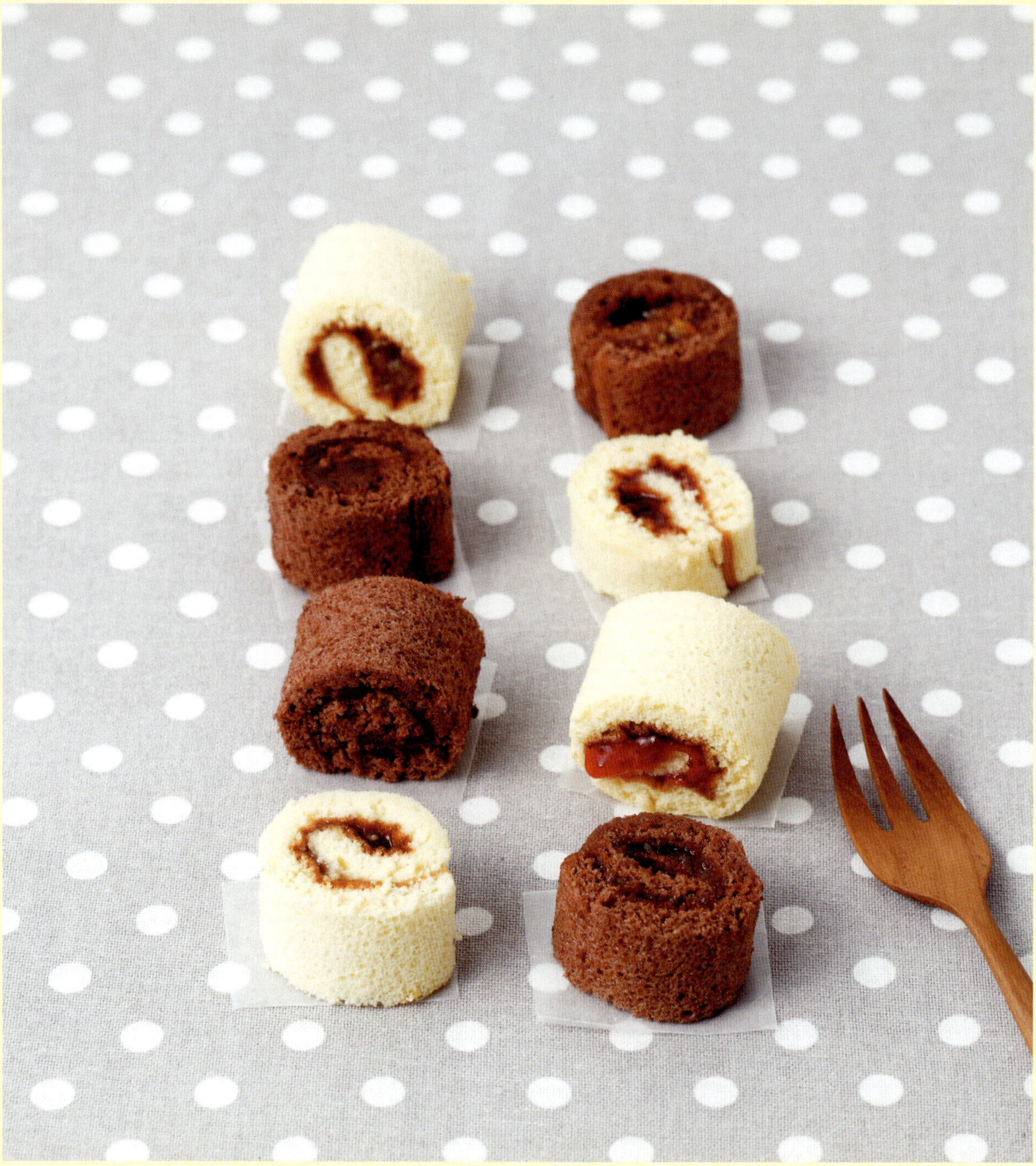

플레인 시트 미니 롤

심플한 제누아즈 반죽으로 만든 미니 롤케이크입니다.
딸기잼이나 살구잼 대신 자신이 좋아하는 잼으로도 만들어보세요.

재료
(29×29cm 사각팬 1개 분량)

┌ 달걀 2개
│ 설탕 60g
└ 박력분 40g

딸기잼 2큰술
살구잼 2큰술

준비

☐ 사각팬에 종이포일을 깐다.
☐ 오븐을 190℃로 예열한다.

만드는 방법

1 제누아즈 기본 롤케이크 만드는 방법 ①~⑬을 참고하여 반죽을 구운 다음 식힌다. 가로세로로 두 번 잘라 시트 네 장을 만든다.

2 시트 두 장에는 딸기잼, 다른 두 장에는 살구잼을 바르고 오른쪽 설명과 같은 방법으로 만든다(**POINT 1**). 종이포일로 만 상태에서 한 번 더 랩으로 싸서 잠깐 두었다가 먹기 좋은 크기로 자른다.

POINT 1

시트가 얇아서 칼집을 넣지 않아도 되며, 시트 전체에 잼 또는 크림을 얇게 바른다. 시작 부분을 약간 접어서 심을 만들어 만다.

종이포일째 들어올려서 그대로 시트를 만다.

코코아 시트 미니 롤

코코아를 넣어 만든 미니 롤케이크입니다.
코코아의 풍미와 잘 어울리는 마멀레이드와 초콜릿크림을 곁들였습니다.

재료
(29×29cm 사각팬 1개 분량)

┌ 달걀 2개
│ 설탕 60g
│ 박력분 30g
└ 코코아 10g

마멀레이드 2큰술

초콜릿크림

┌ 다크 커버처 초콜릿 60g
└ 생크림 30g

준비

☐ 코코아는 체로 쳐서 박력분과 섞는다.
☐ 사각팬에 종이포일을 깐다.
☐ 오븐을 190℃로 예열한다.

만드는 방법

1 제누아즈 반죽으로 만드는 롤케이크 ①~⑬을 참고하여 만든다. 코코아와 박력분을 섞은 반죽으로 시트를 구워 식힌다. 가로세로로 두 번 잘라서 네 장을 만든다.

2 커버처 초콜릿을 잘게 자른 뒤 가열한 생크림을 넣어 녹이고 부드럽게 섞는다.

3 시트 두 장에는 마멀레이드, 다른 두 장에는 **2**의 초콜릿크림을 바르고 오른쪽 설명과 같은 방법으로 만든다(**POINT 1**). 종이포일로 만 상태에서 한 번 더 랩으로 싸서 잠깐 두었다가 먹기 좋은 크기로 자른다.

종이포일을 앞으로 밀어내면서 시트를 단단히 만다.

끝까지 말고 나면 종이포일로 싸서 모양을 다듬는다.

홍차 롤케이크

홍차의 향이 우아한 고급스러운 롤케이크입니다.
여기서는 다르질링을 사용해서 만들었지만 각자 좋아하는 홍차로 만들어보세요.

재료
(29×29cm 사각팬 1개 분량)

- 달걀 3개
  설탕 80g
  박력분 50g
  홍차 잎(티백) 2작은술

- 홍차티백 3개
  뜨거운 물 100㎖
  설탕 2큰술
  생크림 200㎖
  설탕 2큰술

준비

- □ 뜨거운 물에 티백을 담가 약간 진하게 홍차를 우린다.
- □ 사각팬에 종이포일을 깐다.
- □ 오븐을 190℃로 예열한다.

홍차 잎은 티백 속의 잎을 그대로 사용한다.

만드는 방법

1 제누아즈 기본 롤케이크 만드는 방법 ①~⑬을 참고하여 만든다. 박력분과 함께 홍차 잎을 넣고(POINT1), 반죽을 구워 식힌다.

2 우려낸 홍차 1큰술은 크림용으로 식혀두고, 3큰술에 설탕 2큰술을 섞어서 홍차시럽을 만든다(POINT2).

3 칼집을 넣은 **1**에 홍차시럽을 바른다. 생크림과 설탕을 휘핑한 다음, 식혀둔 홍차액 1큰술을 넣어 시트에 얇게 펴바른다. 9p의 ㉔~㉝의 방법으로 롤을 만든다. 종이포일로 만 상태에서 한 번 더 랩으로 싸서, 냉장고에서 1시간 이상 굳힌 다음 먹기 좋은 크기로 자른다.

진하게 우린 홍차를 시럽과 생크림에 넣으면 홍차의 풍미가 더해진다.

커피 롤케이크

약간 씁쓸한 커피맛 시트와 진한 버터크림이
잘 어울리는 롤케이크입니다.
돌돌 말린 단면은 귀여움을 더해 줍니다.

버터크림

재료
(29×29cm 사각팬 1개 분량)

┌ 달걀 3개
│ 설탕 80g
│ 박력분 60g
│ ╷ 인스턴트커피 1큰술
└ ╵ 럼주 2작은술

버터크림

┌ 달걀노른자 2개
│ ╷ 설탕 50g
│ ╵ 따뜻한 물 3큰술
└ 무염버터 120g

준비

☐ 인스턴트커피를 럼주로 녹인다.
☐ 사각팬에 종이포일을 깐다.
☐ 오븐을 190℃로 예열한다.

만드는 방법

1 제누아즈 기본 롤케이크 만드는 방법 ①~⑬을
참고하여 만든다. 박력분을 넣기 전에 럼주로
녹인 커피를 넣고 반죽을 구워낸 다음 식힌다.

2 오른쪽 설명과 같은 방법으로 버터크림을 만들
고 칼집을 넣은 1에 바른다(**POINT 1**).

3 9p의 ㉔~㉝의 방법으로 롤을 만다. 종이포일
로 만 상태에서 한 번 더 랩으로 싸서, 냉장고
에서 1시간 이상 굳힌 다음 먹기 좋은 크기로
자른다.

POINT 1

시트 전체에 균일한 두께로 버터크림을 펴
바른 다음 롤을 만다. 냉장고에 넣으면 크
림이 부드럽게 굳는다.

1 따뜻한 물에 설탕을 넣고 끓여
서 시럽을 만든다. 달걀노른자
를 핸드믹서로 휘핑한 다음 뜨
거운 시럽을 조금씩 넣는다.

2 시럽을 다 넣고 나서도 계속 휘
핑하면, 조금씩 하얗게 변하기
시작한다.

3 믹싱볼의 바닥을 만져보면서
완전히 식을 때까지 거품을 낸
다.

4 크림 상태로 만든 버터를 넣고
부드럽게 섞는다.

티라미수 롤케이크

커피시럽이 깊이 스며든 시트에 마스카르포네 치즈가 든 크림을 살포시 감쌌습니다.
가늘게 말아 시트 한 장으로 두 개의 롤케이크를 만들었습니다.

재료
(29×29cm 사각팬 1개 분량)

- 달걀 3개
- 설탕 80g
- 박력분 50g

커피시럽

- 인스턴트커피 1큰술
- 물 2큰술
- 설탕 1큰술

- 마스카르포네 치즈 100g
- 설탕 4큰술
- 생크림 100㎖
- 코코아 적당량

Memo

마스카르포네 치즈
이탈리아산 프레시 타입의 크림 치즈. 약간 단맛이 나며 쿠키를 만들 때뿐만 아니라 요리에도 자주 사용된다.

준비

☐ 사각팬에 종이포일을 깐다.
☐ 오븐을 190℃로 예열한다.

만드는 방법

1 제누아즈 기본 롤케이크 만드는 방법 ①~⑬를 참고하여 반죽을 구워낸 다음 식힌다.

2 마스카르포네 치즈와 설탕, 가볍게 휘핑한 생크림을 섞어서 크림을 만든다 (**POINT ✿**).

3 커피시럽의 재료를 섞어 칼집을 넣은 **1**에 바른다. 오른쪽 설명과 같은 방법으로 가늘게 한 겹으로 만다(**POINT ✿**). 종이포일로 만 상태에서 한 번 더 랩으로 싸서, 냉장고에서 2시간 이상 굳힌다. 먹기 좋은 크기로 자르고 코코아를 뿌려 장식한다.

POINT 1

마스카르포네 치즈를 부드럽게 젓다가 설탕을 넣고 섞는다. 생크림을 가볍게 휘핑해서 치즈와 섞는다.

POINT 2 한 겹으로 마는 방법

1
시트를 반으로 자른 다음 처음과 끝 쪽에 칼집을 두 줄씩 넣는다.

2
커피시럽을 잘 섞은 다음 **1** 에 바른다.

3
처음과 끝 쪽을 약간 남기고 크림의 절반을 바른다. 가운데 부분을 도톰하게 바른다.

4
3을 종이포일째 들어올린 다음 시트의 시작과 끝 쪽을 맞댄다.

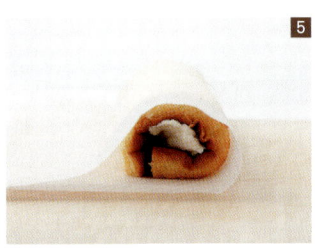
5
종이포일로 만 상태에서 한 번 더 랩으로 싸서, 냉장고에서 2시간 이상 굳힌 다음 먹기 좋은 크기로 자른다. 코코아를 뿌려 완성한다.

치즈 롤케이크

치즈분말을 뿌린 반죽이 고소하고 향기롭게 구워집니다.
진하고 감칠맛 나는 치즈크림을 감싼 롤 타입의 치즈케이크입니다.

재료
(29×29cm 사각팬 1개 분량)

- 달걀 3개
- 설탕 80g
- 박력분 50g
- 치즈분말 2큰술

치즈크림
- 크림치즈 150g
- 설탕 50g
- 레몬즙 1큰술
- 가루젤라틴 1/2작은술
- 물 1큰술
- 생크림 100㎖

준비

☐ 사각팬에 종이포일을 깐다.
☐ 오븐을 190℃로 예열한다.

만드는 방법

1. 제누아즈 기본 롤케이크 만드는 방법 ①
~⑬을 참고하여 만든다. 반죽을 사각팬
에 부은 다음 치즈분말을 뿌려 굽는다
(POINT 1). 같은 방법으로 식힌다.

2. 오른쪽 설명을 참고하여 치즈크림을 만
든 다음 칼집을 넣은 1에 바른다. 9p의
㉔~㉝의 방법으로 롤을 만든다. 종이포일
로 만 상태에서 한 번 더 랩으로 싸서, 냉
장고에서 2시간 이상 굳힌 다음 먹기 좋
은 크기로 자른다.

반죽의 표면에 치즈분말을 뿌리면 치즈의 풍미를 더
욱 진하게 느낄 수 있다.

치즈크림

1 가루젤라틴은 물에 불려놓는
다. 크림치즈를 충분히 저어 크
림 상태로 만든 다음 설탕을 넣
어 잘 섞는다. 그런 다음 중탕으
로 녹인 젤라틴, 레몬즙의 순으
로 넣고 섞는다.

2 부드럽게 휘핑한 생크림에 **1**
을 넣고 잘 섞는다.

흑설탕 롤케이크

반죽과 크림의 설탕을 흑설탕으로 대체하면 색다른 감칠맛을 느낄 수 있는 롤케이크를 만들 수 있습니다.
흑설탕과 궁합이 맞는 일본식 검은콩조림을 넣어 독특한 모양을 냈습니다.

재료
(29×29cm 사각팬 1개 분량)

- 달걀 3개
- 흑설탕 70g
- 박력분 50g

- 생크림 200㎖
- 흑설탕 2큰술

일본식 검은콩 설탕조림 100g
　　　(쿠로마메)

준비

☐ 사각팬에 종이포일을 깐다.
☐ 오븐을 190℃로 예열한다.

만드는 방법

1 제누아즈 기본 롤케이크 만드는 방법 ①~⑬을 참고하여 만든다. 설탕 대신 흑설탕을 넣어 반죽을 구워낸 다음 식힌다.

2 검은콩은 물기를 제거한다(**POINT** ✿). 생크림과 흑설탕을 휘핑해서, 칼집을 넣은 **1**의 시트에 바른 다음 검은콩을 올린다(**POINT** ✿).

3 9p의 ㉔~㉝의 방법으로 롤을 만다. 종이포일로 만 상태에서 한 번 더 랩으로 싸서, 냉장고에서 1시간 이상 굳힌 다음 먹기 좋은 크기로 자른다.

검은콩 설탕조림 대신 검은콩 아마낫토를 사용할 경우, 따뜻한 물에 뭉근하게 한 번 끓인 뒤 물기를 빼고 수분을 제거한 뒤 사용하면 된다.

생크림은 시트 전체에 고루 바른다. 검은콩은 시트의 끝 쪽을 약간 남기고 골고루 올린다. 콩이 크림 속에 박히도록 손으로 가볍게 눌러준다.

Memo

흑설탕

일본의 오키나와와 가고시마에서 생산되는 천연 흑설탕에는 미네랄, 식이섬유 등이 다량 포함되어 있다. 백설탕에 비해 쉽게 굳는 것이 특징이며, 사진처럼 덩어리 형태로 된 것도 있지만 제과용으로 사용할 때는 분말 형태가 편리하다.

메이플 롤케이크

연한 갈색을 띤 메이플 롤케이크입니다.
메이플 슈거의 자연스러운 풍미와 달콤한 맛을 살렸습니다.

재료
(29×29cm 사각팬 1개 분량)

- 달걀 3개
- 메이플 슈거 70g
- 박력분 50g

메이플커스터드

- 메이플 슈거 60g
- 달걀노른자 3개분
- 박력분 20g
- 우유 200㎖
- 생크림 100㎖

Memo

메이플 슈거

사탕단풍나무의 수액을 끓여 농축시킨 것이 메이플 시럽이고, 그보다 더 농축시켜 결정으로 만든 것이 메이플 슈거다. 2~4월에 주로 캐나다와 미국에서 생산되며, 진한 단맛과 감칠맛이 난다.

준비

- ☐ 사각팬에 종이포일을 깐다.
- ☐ 오븐을 190℃로 예열한다.

만드는 방법

1 제누아즈 기본 롤케이크 만드는 방법 ①~⑬을 참고하여 만든다. 설탕 대신 메이플 슈거를 넣고 반죽을 구워낸 다음 식힌다.

2 오른쪽 설명과 같은 방법으로 메이플커스터드를 만든 다음, 칼집을 넣은 **1**에 바르고 9p의 ㉔~㉝의 방법으로 만든다. 종이포일로 만 상태에서 한 번 더 랩으로 싸서, 냉장고에서 1시간 이상 굳힌 다음 먹기 좋은 크기로 자른다.

메이플커스터드

1 메이플 슈거와 달걀노른자를 믹싱볼에 넣어 섞은 다음 박력분을 넣고 잘 저어 섞는다.

2 끓기 직전까지 데운 우유를 **1**에 한 번에 붓고 재빨리 섞는다.

3 냄비로 옮겨 중불에서 나무주걱으로 저어가며 바짝 졸인다. 약한 불에서 2, 3분간 더 끓이다 불에서 내린다.

4 넓적한 접시에 붓고 마르지 않도록 표면에 랩을 씌워서 식힌다.

5 고무주걱으로 조금씩 눌러서 덩어리진 부분을 풀어 부드럽게 한다.

6 생크림을 부드럽게 휘핑한 다음 **5**를 넣고 섞는다.

검은깨 롤케이크

검은깨를 넣은 시트에 검은깨 페이스트로 만든 크림을 발랐습니다.
검은깨의 고소함을 마음껏 맛볼 수 있는 롤케이크입니다.

재료
(29×29cm 사각팬 1개 분량)

달걀 3개
설탕 80g
박력분 60g
검은깨 간 것 10g

검은깨크림
검은깨 페이스트 50g
설탕 40g
가루젤라틴 1/2작은술
물 1큰술
생크림 150㎖

준비

□ 사각팬에 종이포일을 깐다.
□ 오븐을 190℃로 예열한다.

만드는 방법

1 제누아즈 기본 롤케이크 만드는 방법 ①~⑬을 참고하여
   만든다. 박력분과 함께 검은깨 간 것을 넣고(**POINT 1**). 반
   죽을 구워내 식힌다.

2 아래 설명과 같은 방법으로 검은깨크림을 만든다.

3 칼집을 넣은 1에 검은깨크림을 바른 다음 9p의 ㉔~
   ㉝의 방법으로 만다. 종이포일로 만 상태에서 한 번 더
   랩으로 싸서, 냉장고에서 2시간 이상 굳힌 다음 먹기
   좋은 크기로 자른다.

체에 친 박력분에 검은깨 간 것을 넣
는다.

검은깨크림

검은깨크림의 젤라틴은 물에
불려서 중탕으로 녹인다. 검은
깨 페이스트와 설탕을 섞은 뒤,
젤라틴과 휘핑한 생크림을 넣
고 섞는다.

호두 롤케이크

호두가 들어간 고소한 시트와 밀크초콜릿을 넣은 부드러운
크림이 잘 어우러진 롤케이크입니다.

재료
(29×29cm 사각팬 1개 분량)

깐 호두 50g
달걀 3개
설탕 80g
박력분 50g

밀크초콜릿크림
밀크 커버처 초콜릿 80g
생크림 200㎖

준비

□ 깐 호두는 160℃의 오븐에서 15분 정도 굽고,
   식혀서 잘게 썬다.
□ 사각팬에 종이포일을 깐다.
□ 오븐을 190℃로 예열한다.

만드는 방법

1 제누아즈 기본 롤케이크 만드는 방법 ①~⑬을 참고하
   여 만든다. 박력분과 함께 호두를 섞어(**POINT 1**) 반죽을
   구워낸 다음 식힌다.

2 아래 설명과 같은 방법으로 초콜릿크림을 만든다.

3 칼집을 넣은 1에 크림을 바른 다음 9p의 ㉔~㉝의 방법
   으로 만다. 종이포일로 만 상태에서 한 번 더 랩으로 싸
   서, 냉장고에서 1시간 이상 굳힌 다음 먹기 좋은 크기로
   자른다.

호두는 고소함과 씹히는 맛을 느낄 수
있도록 잘게 썰어서 넣는다.

밀크초콜릿크림

잘게 썬 커버처 초콜릿에 가열한
생크림 50㎖를 넣어 녹이고, 걸쭉
하게 휘핑해 둔 나머지 생크림과
섞어 거품을 낸다.

← 사진 위에서부터 1·3번째는 호두 롤케이크, 2·4번째는 검은깨 롤케이크

호지차 롤케이크

일본 녹차의 하나인 호지차를 넣은, 깊은 단맛이 나는 일본풍 롤케이크입니다.
색깔이 아름다운 오색 아마낫토를 시트 위에 듬뿍 뿌렸습니다.

재료
(29×29cm 사각팬 1개 분량)

달걀 3개
설탕 80g

박력분 50g
호지차(분말 타입) 8g

A
생크림 200㎖
설탕 1큰술
호지차(분말 타입) 6g

오색 아마낫토 150g
콩가루 적당량

준비

☐ 오색 아마낫토는 표면에 붙어 있는
  설탕을 씻어내고 물기를 제거한다.
☐ 사각팬에 종이포일을 깐다.
☐ 오븐을 190℃로 예열한다.

만드는 방법

1 제누아즈 기본 롤케이크 만드는 방법
①~⑬을 참고하여 만든다. 호지차와 섞
은 박력분을 넣고 반죽을 구워낸 다음
식힌다.

2 A의 재료들을 한데 섞어 거품을 낸 다
음, 칼집을 넣은 **1**에 바른다. 그 위에 아
마낫토를 솔솔 뿌려준다(POINT 1).

3 9p의 ㉔~㉝의 방법으로 롤을 만다. 종
이포일로 만 상태에서 한 번 더 랩으로
싸서, 냉장고에서 1시간 이상 굳힌다.
콩가루를 뿌리고 먹기 좋은 크기로 자
른다.

POINT 1

여러 종류의 콩을 뿌리면 자른 단면이 알
록달록 더 예뻐진다. 아마낫토가 크림 속에
박히도록 손으로 가볍게 누른다.

Memo

호지차(분말 타입)

뜨거운 물을 부어 그대로
마실 수 있는 분말 타입을
사용한다. 여기서는 반죽과
크림에 모두 넣어 호지차
의 향을 더욱 살렸다.

쌀가루로 만드는 쫄깃쫄깃한 롤케이크

박력분 대신 쌀가루를 넣어 반죽한 롤케이크입니다.
쌀가루의 쫄깃쫄깃한 식감과 담백한 맛이 살아 있습니다.

쌀가루 플레인 롤케이크

달걀, 설탕, 쌀가루만으로 만든 플레인 롤케이크입니다.
화이트 커버처 초콜릿으로 만든 크림이 감칠맛을 더합니다.

재료
(29×29cm 사각팬 1개 분량)

- 달걀 3개
- 설탕 70g
- 쌀가루 50g

화이트초콜릿크림

- 화이트 커버처 초콜릿 60g
- 생크림 190㎖

준비

☐ 사각팬에 종이를 깐다.
☐ 오븐을 190℃로 예열한다.

Memo

쌀가루

멥쌀을 곱게 갈아 박력
분과 같은 용도로 사용
할 수 있다.

만드는 방법

1 반죽 만들기

달걀과 설탕을 섞어 핸드믹서로 희고 단단한 머랭이 될 때까지 휘핑
한다. 쌀가루를 넣고 바닥에서부터 긁어올려 크게 섞는다.

2 오븐에서 굽기

사각팬에 1을 붓고 스크래퍼로 윗면을 평평하게 정리한다. 180℃
의 오븐에서 10분간 구워낸 뒤, 곧바로 사각팬에서 꺼내어 랩을 씌
워 식힌다.

3 화이트초콜릿크림 만들기

잘게 썬 커버처 초콜릿에 가열한 생크림 50㎖를 부어 저어주며 녹
인다. 남은 생크림을 넣고 폭신하게 거품을 낸 다음, 커버처 초콜릿
을 붓고 다시 단단하게 휘핑한다.

4 롤 말기

8p의 ⑯~⑳을 참고하여 시트
의 절반 정도까지 칼집을 살짝
넣어준 다음, 화이트초콜릿크
림을 얇게 펴바른다. 9p의 ㉔~
㉝의 방법으로 롤을 만다. 종이
포일로 만 상태에서 한 번 더
랩으로 싸서, 냉장고에서 1시
간 이상 굳힌 다음 먹기 좋은
크기로 자른다.

녹차와 팥을 넣어 만든 쌀가루 롤케이크

가루녹차를 사용하여 부드러운 색감과 풍미를 높였습니다.
깊은 단맛을 느낄 수 있어서 어른들도 좋아하는 롤케이크입니다.

재료
(29×29cm 사각팬 1개 분량)

달걀 3개
설탕 90g
쌀가루 50g
가루녹차(또는 분말 센차) 10g

팥생크림

삶은 팥(통조림) 200g
생크림 150㎖

* 원서에서는 일반적인 말차(抹茶) 대신
  분말 센차(煎茶)를 사용하였으나, 본서
  에서는 일반적인 가루녹차로 대신합니
  다. 국산 가루녹차, 일본산 말차, 분말
  센차 등 종류에 따라 쓴맛의 강도가 달
  라집니다. 기호에 따라 차의 종류와 분
  량을 조절하세요.

준비
□ 사각팬에 종이포일을 깐다.
□ 오븐을 190℃로 예열한다.

만드는 방법

1 제누아즈 기본 롤케이크 만드는 방법 ①~
  ⑬을 참고하여 만든다. 녹차와 섞은 쌀가루
  를 넣고 반죽을 구워낸 다음 식힌다.

2 오른쪽 설명과 같은 방법으로 팥생크림을
  만든 다음, 칼집을 넣은 1에 얇게 펴바른다
  (POINT 1).

3 9p의 ㉔~㉝의 방법으로 롤을 만다. 종이포
  일로 만 상태에서 한 번 더 랩으로 싸서, 냉
  장고에서 1시간 이상 굳힌 다음 먹기 좋은
  크기로 자른다.

팥생크림

사진과 같이, 삶은 팥을 내열
접시에 펼쳐놓고 랩을 씌우지
않은 상태에서 전자레인지로
가열하여 수분을 날린다. 30초
~1분마다 상태를 확인하면서
가열한다.

1에 생크림을 조금 넣어 부드
럽게 녹인다.

생크림을 폭신하게 휘핑한 다
음 2를 넣고 전체를 크게 섞
는다.

POINT 1

부드럽고 담백한 크림의 맛이 쌀가루의 식감과 잘 어울린다. 3분의 1 지점까지 크림을
약간 도톰하게 바르면 단면의 모양이 예뻐진다.

Column 2 쌀가루로 만드는 쫄깃쫄깃한 롤케이크

브라운 슈거 쌀가루 롤케이크

사탕수수의 부드러운 단맛과 감칠맛을 살린 시트에 새콤달콤한 살구를 넣어 부드럽고 은은한 맛을 더했습니다.

재료
(29×29cm 사각팬 1개 분량)

- 달걀 3개
- 황설탕 70g
- 쌀가루 50g

살구(통조림) 250g

- 생크림 150㎖
- 설탕 2큰술

준비

□ 사각팬에 종이포일을 깐다.
□ 오븐을 190℃로 예열한다.

만드는 방법

1 제누아즈 기본 롤케이크 만드는 방법 ①~⑬을 참고하여 만든다. 백설탕 대신 황설탕을 넣고, 박력분 대신 쌀가루를 넣어 반죽을 구워낸 다음 식힌다.

2 살구는 빗모양썰기 하고 물기를 제거한다.

3 생크림과 설탕을 부드럽게 휘핑해서 칼집을 넣은 1에 바른 다음, 살구를 올려놓고 9p의 ㉔~㉝의 방법으로 만다(POINT 1). 종이포일로 만 상태에서 한 번 더 랩으로 싸서, 냉장고에서 1시간 이상 굳힌 다음 먹기 좋은 크기로 자른다.

POINT 1

1 사진처럼 앞쪽부터 조금씩 간격을 두고 살구를 가지런히 놓은 다음, 크림 속에 박히도록 가볍게 누른다.

2 종이포일째 양손으로 들어올려 그대로 살짝 누르듯 덮어 만다.

3 살구를 가볍게 누르고 김밥 말듯 종이포일을 살짝 당기면서 시트를 돌돌 만다.

4 종이포일을 떼어내면서 시트를 말고, 끝까지 다 말면 케이크를 누르면서 종이포일을 잡아당겨 전체의 모양을 다듬는다. 손으로 살짝 누르며 롤을 단단히 조인다.

비스퀴 반죽으로 만드는 롤케이크

비스퀴 반죽은 달걀노른자와 달걀흰자를 따로 휘핑해서 만드는 별립법 스펀지 반죽입니다.

이제부터 비스퀴 반죽으로 만드는 롤케이크를 소개하려고 합니다.

달걀노른자의 레시틴 성분은 거품이 생기는 것을 억제하는 특징이 있기 때문에,

달걀흰자를 따로 휘핑해서 머랭을 만들면 공기를 더욱 많이 함유하게 되어

제누아즈 반죽보다 더 가벼운 식감을 낼 수 있습니다.

PART
2

비스퀴 기본 롤케이크 만드는 방법

재료
(29×29cm 사각팬 1개 분량)

- 달�걀노른자 3개분
- 설탕 30g
- 달걀흰자 3개분
- 설탕 50g
- 박력분 50g
- 생크림 150㎖
- 설탕 2큰술

준비
□ 사각팬에 종이포일을 깐다.
□ 오븐을 190℃로 예열한다.

POINT 1

달걀흰자와 노른자를 분리한다. 달걀껍질을 깨서 달걀노른자만을 껍질로 뜨는데, 노른자가 터져서 달걀흰자와 섞이지 않도록(거품을 낼 수 없게 된다). 반드시 1개씩 깨서 믹싱볼에 나눠 담는다.

POINT 2

달걀흰자를 휘핑할 믹싱볼은 기름기나 이물질이 묻어 있지 않은 것을 사용한다. 기름기나 이물질 등이 묻어 있으면 거품이 잘 나지 않는다.

✱ 달걀흰자를 휘핑해서 머랭 만들기

❶ 핸드믹서를 중속으로 놓고 달걀흰자를 잘 풀어준다.

❷ 하얗게 거품이 나면 달걀흰자용으로 덜어둔 설탕을 2~3번에 나눠 넣으며 휘핑한다.

❸ 믹서를 고속으로 놓고 충분히 휘핑한다.

❹ 들어올렸을 때 끝이 뾰족하게 설 때까지 단단히 휘핑한다.

❋ 달걀노른자와 설탕 휘핑하기

5 조금 작은 믹싱볼에 달걀노른자를 가볍게 풀어넣고 달걀노른자용 설탕을 한 번에 넣는다(머랭을 휘핑했던 믹서를 그대로 사용해도 된다).

6 고속으로 휘핑한다

7 전체적으로 걸쭉하고, 떨어뜨렸을 때 약간 쌓였다 없어지는 정도까지 휘핑한다.

❋ 머랭에 박력분 섞기

8 고무주걱을 이용해서 머랭이 담긴 볼에 달걀노른자 휘핑한 것을 한 번에 넣는다.

9 고무주걱으로 바닥에서부터 크게 뒤집어 섞는다. 거품이 없어지지 않게 가볍게 섞는다.

10 체에 쳐둔 박력분을 넣고 바닥에서부터 크게 뒤집어 골고루 섞는다.

11 가루가 보이지 않고 반죽의 표면이 매끄러워질 때까지 잘 섞는다.

❋ 사각팬에 붓고 굽기

12 종이포일을 깔아둔 사각팬의 중앙에 반죽을 붓는다.

13 스크레이퍼를 사용해 표면을 평평하게 다듬으면서 가장자리까지 골고루 반죽을 편다.

14 190℃로 예열한 오븐의 상단에서 10분간 굽는다.

* 사각팬에서 꺼내어 식히기

다 구워지면 곧바로 팬에서 꺼내어 작업대로 옮긴다.

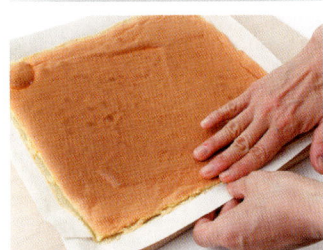

시트의 옆면에 붙은 종이 포일을 조심스럽게 떼어 낸다.

작업대에 올려놓은 상태 에서 랩을 씌워 식을 때까 지 둔다.

* 크림 바르기 & 딸기 올리기

표면에 종이포일을 올려놓 은 다음 양손으로 조심스 럽게 들어올려 뒤집는다.

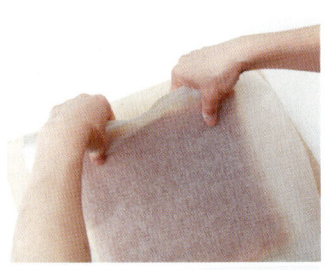

종이포일의 한쪽 끝을 조심 스럽게 잡고 귀퉁이부터 깔 끔하게 떼어낸다.

다시 떼어낸 종이포일째 뒤 집어(떼어낸 종이포일을 사 용해서 만다). 몸 쪽에서 중 간 정도까지 약 2cm 간격으 로 살짝 칼집을 넣는다.

생크림과 설탕을 휘핑해서 사진처럼 약간 간격을 두고 시트에 올려놓은 다음(골고 루 바르기 쉽다) 스패출러로 펴바른다.

딸기를 2등분이나 4등분으 로 잘라서 간격을 두고 가지 런히 올려놓는다.

말기 쉽게 딸기가 크림 속에 살짝 박히도록 가볍게 눌러 준다.

✳ 롤 말기

24 양손으로 종이포일을 나란히 들어올린다.

25 그대로 종이포일을 위로 올려서 시트만 앞으로 넘어가도록 손가락으로 밀면서 종이포일을 당긴다.

26 딸기가 빠지지 않도록 시트를 가볍게 눌러가며 계속해서 만다.

27 양손으로 종이포일을 잡고 시트 전체를 일자로 고르게 만다.

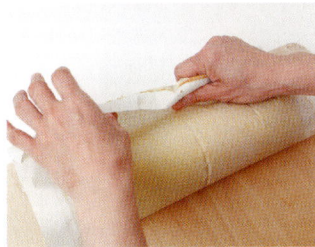

28 그대로 종이포일을 당기면서 시트를 끝까지 만다.

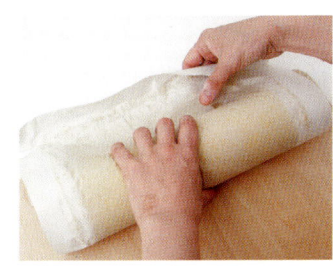

29 한 손으로 종이포일을 잡아당기면서 다른 한 손으로 전체의 모양을 다듬는다.

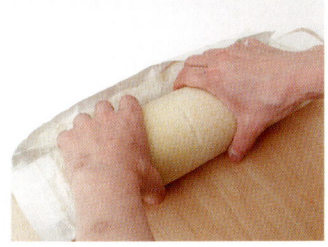

30 아래쪽의 종이포일을 잡아당겨 롤 모양이 확실히 잡히도록 조인다.

31 롤을 몸 앞쪽으로 가져와서 양손으로 롤 모양을 매만진다.

32 양쪽 가장자리에 삐져나온 크림을 가볍게 누르면서 종이포일을 접어넣는다. 한 번 더 랩으로 싸서 모양을 잡는다. 모양이 찌그러질 수 있으니 양쪽 가장자리의 랩은 비틀지 않도록 한다.

✳ 냉장고에서 1시간 이상 굳힌 후에 랩과 종이포일을 벗겨낸다. 한 손으로 가볍게 누른 상태에서 잘 드는 식칼이나 빵칼 등을 사용하여 먹기 좋은 크기로 자른다.

캐러멜 사과 롤케이크

사과 캐러멜 조림을 듬뿍 넣어 만든 롤케이크입니다.
너무 달지 않은 코코아 시트와 잘 어울립니다.

재료
(29×29cm 사각팬 1개 분량)

┌ 달걀흰자 3개분
│ 설탕 50g
│ 달걀노른자 3개분
│ 설탕 30g
│ 박력분 45g
└ 코코아 5g

사과 캐러멜 조림

┌ 사과(껍질 깐 것) 350g
│ 설탕 50g
└ 럼주 1큰술

┌ 생크림 150㎖
└ 설탕 2큰술

준비

□ 코코아는 체 쳐서 박력분과 섞는다.
□ 사각팬에 종이포일을 깐다.
□ 오븐을 190℃로 예열한다.

만드는 방법

1 비스퀴 반죽의 기본 롤케이크 ①~⑰을 참고하여 만든다. 코코아와 섞은 박력분을 넣고 반죽을 구워낸 다음 식힌다.

2 오른쪽 설명을 참고하여 사과 캐러멜 조림을 만들어 식힌다.

3 시트에 칼집을 넣은 다음 생크림과 설탕을 휘핑해서 시트에 바르고 사과 캐러멜 조림을 올려놓는다(**POINT 1**). 51p의 ㉔~㉜의 방법으로 롤을 만다. 종이포일로 만 상태에서 한 번 더 랩으로 싸서, 냉장고에서 1시간 이상 굳힌 다음 먹기 좋은 크기로 자른다.

POINT 1

사과 캐러멜 조림은 간격을 두어 2줄로 가지런히 올려놓고 크림 속에 박히도록 가볍게 누른다.

사과 캐러멜 조림

1

사과는 껍질째 한입 크기로 자른다. 코팅 가공된 프라이팬에 설탕을 넣고 사진처럼 짙은 갈색이 될 때까지 가열한다.

2

사과를 넣고 캐러멜을 전체에 고루 묻힌다.

3

뚜껑을 덮고 5~6분간 졸인다.

4

부드럽게 졸여지면 수분을 완전히 날리고 럼주를 뿌려 풍미를 더한다. 다 식을 때까지 그대로 둔다.

허니 롤케이크

달걀노른자에 꿀을 넣어 촉촉하게 구워낸 시트로 만들었습니다.
꿀을 넣은 시트와 새콤달콤한 허니레몬크림이 잘 어우러진 롤케이크입니다.

재료
(29×29cm 사각팬 1개 분량)

- 달걀흰자 3개분
  설탕 50g
- 달걀노른자 3개분
  꿀 30g
- 박력분 50g

허니레몬크림

- 사워크림 100g
  꿀 30g
  레몬 껍질 간 것 1개분
  레몬즙 1큰술
- 젤라틴 1/2작은술
  물 1큰술
- 생크림 100㎖

사워크림(장식용) 적당량
처빌 적당량

준비

☐ 허니레몬크림의 젤라틴은 물에 불려놓는다.
☐ 사각팬에 종이포일을 깐다.
☐ 오븐을 190℃로 예열한다.

만드는 방법

1 비스퀴 반죽의 기본 롤케이크 ①~⑰을 참고하여 만든다. 달걀노른자에는 꿀을 넣어 휘핑하고 (**POINT 1**), 반죽을 구워낸 다음 식힌다.

2 오른쪽 설명과 같은 방법으로 허니레몬크림을 만들어 칼집을 넣은 시트에 바른다.

3 51p의 ㉔~㉜의 방법으로 롤을 만다. 종이포일로 만 상태에서 한 번 더 랩으로 싸서, 냉장고에서 2시간 이상 굳힌다.

4 장식용 사워크림을 부드럽게 개어 롤케이크 위에 짜고 그 위에 처빌 또는 좋아하는 허브 잎을 올려 장식한다. 먹기 좋은 크기로 자른다.

꿀을 넣으면 시트가 더욱 촉촉하게 구워진다.

허니레몬크림

사워크림은 크림 상태로 갠 다음 꿀을 넣어 섞는다.

레몬 껍질, 레몬즙, 중탕으로 녹인 젤라틴 순서대로 잘 섞으며 넣는다. 마지막에 휘핑한 생크림을 섞는다.

□ 오렌지 필은 잘게 썰어 준비한다.
□ 사각팬에 종이포일을 깐다.
□ 오븐을 190℃로 예열한다.

만드는 방법

1 비스퀴 반죽의 기본 롤케이크 ①~⑰을 참고하여 만든다. 달걀노른자와 설탕을 휘핑한 다음 오렌지 필을 넣는다 (POINT❶). 같은 방법으로 반죽을 구워낸 다음 식힌다.

2 오렌지는 속껍질까지 벗겨낸 다음 한 조각씩 즙을 짜서 수분을 제거한다. 이때 짜낸 과즙과 나머지 과육에서 오렌지 과즙 2큰술을 준비한다. 여기에 쿠앵트로를 넣어 시럽을 만들고, 칼집을 넣은 시트에 바른다.

3 휘핑한 생크림을 2의 시트에 바르고, 수분을 제거한 오렌지 과육을 가지런히 올린다(POINT❷).

4 51p의 ㉔~㉜의 방법으로 롤을 만다. 종이포일로 만 상태에서 한 번 더 랩으로 싸서, 냉장고에서 1시간 이상 굳힌 다음 먹기 좋은 크기로 자른다.

오렌지 롤케이크

시트에는 오렌지의 과즙과 오렌지 풍미의 리큐어를 듬뿍 발라 스며들게 했습니다. 촉촉하면서도 향기로운 롤케이크가 완성됩니다.

재료 (29×29cm 사각팬 1개 분량)

- 달걀흰자 3개분
- 설탕 50g
- 달걀노른자 3개분
- 설탕 30g
- 박력분 50g
- 오렌지 필 30g

- 쿠앵트로 2작은술
- 오렌지 과즙 2큰술

- 생크림 150㎖
- 설탕 3큰술
- 오렌지(깐 것) 250g

POINT 1

촉촉한 타입의 오렌지 필을 사용하면 반죽이 잘 부풀지 않게 된다. 공기를 많이 함유한 비스퀴 반죽을 사용하면 촉촉한 타입을 써도 시트의 식감이 크게 달라지지 않는다. 수분이 적은 오렌지 필이라면 썰어서 사각팬에 뿌리고 제누아즈 반죽을 부어 구워도 된다.

POINT 2

오렌지는 사진처럼 가지런히 올려놓고, 생크림 속에 박히도록 가볍게 눌러준다.

준비

☐ 사각팬에 종이포일을 깐다.
☐ 오븐을 190℃로 예열한다.

만드는 방법

1 비스퀴 반죽의 기본 롤케이크 ①~⑰을 참고하여 만든다. 달걀노른자에는 꿀을 넣어 휘핑하고 박력분을 섞는다. 사각팬에 유자 껍질을 뿌리고 그 위에 반죽을 부어넣은 다음(POINT ✿) 반죽을 구워내 식힌다.

2 생크림과 설탕을 적당히 휘핑하다가 유자 껍질을 넣고 마무리 휘핑한다.

3 1의 시트에 칼집을 넣고 2의 크림을 바른다. 중간보다 약간 앞쪽에 홈을 길게 만들어 팥소를 짜넣는다(POINT ✿). 51p의 ㉔~㉜의 방법으로 롤을 만다. 종이포일로 만 상태에서 한 번 더 랩으로 싸서, 냉장고에서 1시간 이상 굳힌 다음 먹기 좋은 크기로 자른다.

POINT 1

사각팬에 재료를 뿌리고 그 위에 반죽을 부을 때는, 재료가 한쪽으로 몰리지 않도록 반죽을 사각팬 전체에 천천히 나눠 붓고, 스크레이퍼로 반죽의 표면을 조심스럽게 편다.

POINT 2

짤주머니에 깍지를 끼우지 않고 그대로 둥글게 짠다. 크림을 조금 도톰하게 바른 부분에 홈을 길게 만들어 팥소를 짜넣으면 팥소가 롤케이크의 중심에 오게 된다.

유자 롤케이크

상큼한 유자 향과 팥소의 달콤함이 절묘하게 어우러진 롤케이크입니다.
시트에 뿌려져 있는 유자 껍질은 더욱 아름다운 문양을 만들어냅니다.

재료 (29×29cm 사각팬 1개 분량)

┌ 달걀흰자 3개분
│ 설탕 60g

┌ 달걀노른자 3개분
│ 꿀 20g

박력분 50g
└ 유자 껍질 잘게 채친 것 1/2개분

┌ 생크림 150㎖
│ 설탕 1큰술
└ 유자 껍질 간 것 1/2개분

팥소 150g

벚꽃 롤케이크

일본의 계절 재료인 벚꽃절임을 잘게 썰어 반죽과 크림에 넣었습니다.
딸기잼을 더해 봄의 향기를 만끽할 수 있게 만든 달콤한 롤케이크입니다.

재료 (29×29cm 사각팬 1개 분량)

┌ 달걀흰자 3개분
└ 설탕 60g
┌ 달걀노른자 3개분
└ 꿀 20g
└ 박력분 50g
일본식 벚꽃절임 30g
┌ 생크림 200㎖
└ 설탕 2큰술
딸기잼 3큰술
벚꽃절임(장식용) 적당량

Memo

벚꽃절임

일본에서는 겹벚꽃을 소금과 매실초에 담가 식용으로 사용한다. 조리 시에는 소금을 가볍게 씻어내어, 제과용이나 영양밥을 만들 때 넣는다. 뜨거운 물을 부어 차로 마시기도….

준비

☐ 벚꽃절임 30g을 물에 살짝 씻어 소금을 제거한 뒤, 꽉 짜서 물기를 제거하고 잘게 썬다.
☐ 사각팬에 종이포일을 깐다.
☐ 오븐을 190℃로 예열한다.

만드는 방법

1 비스퀴 반죽의 기본 롤케이크 ①~⑰을 참고하여 만든다. 달걀노른자에는 꿀을 넣어 휘핑하고 벚꽃을 2분의 1 정도 넣어 섞는다(**POINT 1**). 그 이후의 과정은 같은 방법으로 반죽을 구워내어 식힌다.

2 생크림과 설탕을 적당히 휘핑하고 나머지 벚꽃을 넣어 마무리 휘핑한다.

3 1의 시트에 칼집을 넣은 다음 딸기잼을 바르고 2의 크림을 덧바른다(**POINT 2**).

4 51p의 ㉔~㉜의 방법으로 롤을 만든다. 종이포일로 만 상태에서 한 번 더 랩으로 싸서, 냉장고에서 1시간 이상 굳힌 다음 먹기 좋은 크기로 자른다. 장식용 벚꽃을 올려 장식한다.

POINT 1

달걀노른자와 꿀을 넣어 단단하게 휘핑한 다음 벚꽃절임을 넣으면, 거품이 묽어지지 않으면서 골고루 잘 섞인다.

POINT 2

생크림이 지나치게 휘핑되는 것을 막기 위해서 설탕을 넣고 적당히 휘핑된 상태에서 벚꽃절임을 넣는다. 달콤하면서도 살짝 짠맛도 감도는 독특한 벚꽃 향의 크림이 된다.

소금 캐러멜 롤케이크

소금의 은은한 짠맛이 캐러멜의 단맛과 감칠맛을 한층 더 돋궈줍니다.
캐러멜과 궁합이 맞는 서양배도 즐겨보세요.

재료 (29×29cm 사각팬 1개 분량)

- 달걀흰자 3개분
- 설탕 60g
- 달걀노른자 3개분
- 설탕 20g
- 박력분 50g

캐러멜소스 *

- 설탕 50g
- 물 1큰술
- 따뜻한 물 1큰술
- 서양배 통조림 시럽 2큰술
- 생크림 150㎖
- 설탕 1큰술
- 소금 1/4작은술 미만
- 서양배(통조림) 200g

* 캐러멜소스는 만들기 쉬운 분량

POINT 1

캐러멜, 설탕, 생크림을 한꺼번에 넣고 적당히 부풀 때까지 휘핑한다. 소금은 나중에 아주 조금 은은한 짠맛이 느껴질 정도만 넣는다. 소금의 은은한 짠맛은 캐러멜의 단맛과 감칠맛을 한층 더해 준다.

준비

☐ 오렌지 필은 잘게 썰어 준비한다.
☐ 사각팬에 종이포일을 깐다.
☐ 오븐을 190℃로 예열한다.

만드는 방법

1 오른쪽 설명을 참고하여 캐러멜소스를 만든다. 비스퀴 반죽의 기본 롤케이크 ①~⑰을 참고하여 반죽을 만든다. 달걀노른자와 설탕을 휘핑하고 캐러멜 1큰술을 넣은 다음 그 이후의 과정은 같은 방법으로 하여 반죽을 구워내 식힌다.

2 생크림과 설탕, 캐러멜 1큰술을 넣고 적당하게 휘핑한 다음, 소금을 넣어 폭신폭신하게 거품을 내 소금캐러멜크림을 만든다(**POINT 1**).

3 1의 시트에 칼집을 넣은 다음, 솔로 서양배 통조림 시럽을 바른다. 그 위에 소금캐러멜크림을 바르고, 시트의 4분의 1 지점부터 간격을 두고 서양배를 3줄 정도 올린다.

4 51p의 ㉔~㉜의 방법으로 롤을 만든다. 종이포일로 만 상태에서 한 번 더 랩으로 싸서, 냉장고에서 1시간 이상 굳힌 다음 먹기 좋은 크기로 자른다.

* 남은 캐러멜소스는 깨끗한 용기에 담아 상온에서 1개월간 보관할 수 있다. 쿠키를 만들 때뿐만 아니라 토스트나 핫케이크에 발라도 좋다.

캐러멜소스

설탕과 물을 작은 냄비에 넣고 불에 올려놓는다.

연한 갈색이 돌기 시작하면 천천히 냄비를 기울여서 골고루 빛깔이 돌게 한다. 점점 갈색이 진해져, 사진 정도의 빛깔이 되면 불을 끄지 말고 조금만 더 졸인다.

분량의 따뜻한 물을 넣어 묽게 한다. 따뜻한 물을 넣을 때 "칙" 하는 소리가 나면서 물이 튀는 경우가 있으니 화상에 주의한다.

수분이 졸아들어 사진처럼 진한 캐러멜 색깔이 되면 불을 끄고 식힌다.

당근 롤케이크

당근에 설탕과 레몬즙을 넣고 바짝 졸여 글라세를 만들었습니다.
선명한 오렌지색을 띤 먹음직스러운 롤케이크가 완성!

재료 (29×29cm 사각팬 1개 분량)

┌ 달걀흰자 3개분
└ 설탕 60g
┌ 달걀노른자 3개분
│ 설탕 20g
└ 박력분 60g

당근 글라세

┌ 당근 200g
│ 레몬즙 1큰술
└ 설탕 50g

┌ 생크림 150㎖
└ 설탕 2큰술

준비

☐ 사각팬에 종이포일을 깐다.
☐ 오븐을 190℃로 예열한다.

만드는 방법

1 당근 글라세를 만든다. 당근은 1cm 크기로 깍둑
썰기 한 다음, 살짝 잠길 정도의 물을 붓고 부드
럽게 조린다. 설탕을 두 번에 나누어 넣고 수분이
거의 사라지면 레몬즙을 뿌려 물기가 거의 남지
않을 때까지 조린다. 따로 50g 정도는 포크로 으
깨둔다(**POINT** ❋).

2 비스퀴 반죽의 기본 롤케이크 ①~⑰을 참고하여
반죽을 만든다. 달걀노른자와 설탕을 휘핑한 다
음 으깬 당근을 넣는다. 이전과 같은 방법으로 반
죽을 구워낸 다음 식힌다.

3 칼집을 넣은 시트 전체에 생크림과 설탕을 휘핑
하여 골고루 바른다. 물기를 제거한 **1**의 당근을
올려놓고(**POINT** ❋), 51p의 ㉔~㉜의 방법으로 롤
을 만다. 종이포일로 만 상태에서 한 번 더 랩으
로 싸서, 냉장고에서 1시간 이상 굳힌 다음 먹기
좋은 크기로 자른다.

으깬 당근은 반죽에 섞고, 깍두기 모양의 당
근은 시트 위에 올려 당근의 선명하고 고운
색깔을 살린다.

크림을 바른 시트의 끝 쪽만 남기고 골고루
올려놓는다. 당근이 크림 속에 박히도록 손
으로 가볍게 누른다.

단호박 롤케이크

단호박의 자연스러운 단맛을 살린 롤케이크입니다.
수분을 완전히 없애서 단호박페이스트를 만든 다음 반죽과 크림에 섞으세요.

재료
(29×29cm 사각팬 1개 분량)

- 달걀흰자 3개분
- 설탕 60g
- 달걀노른자 3개분
- 설탕 30g
- 박력분 50g

단호박(손질한 속 부분) 300g
설탕 50g
생크림 150㎖

준비

- ☐ 사각팬에 종이포일을 깐다.
- ☐ 오븐을 190℃로 예열한다.

만드는 방법

1. 단호박은 아래 설명을 참고하여 부드럽게 준비해 놓고, 일부에 설탕을 섞는다(POINT 1).

2. 비스퀴 반죽의 기본 롤케이크 ①~⑰을 참고하여 반죽을 만든다. 달걀노른자와 설탕을 휘핑한 다음 으깬 단호박 50g을 넣는다(POINT 2). 이전과 같은 방법으로 반죽을 구워내 식힌다.

3. 생크림을 폭신하게 잘 휘핑한 다음 설탕을 섞어두었던 단호박을 넣는다(단호박크림).

4. 2의 시트에 칼집을 넣은 다음 3의 단호박크림을 바르고(POINT 3), 51p의 ㉔~㉜의 방법으로 만다. 종이포일로 만 상태에서 한 번 더 랩으로 싸서, 냉장고에서 1시간 이상 굳힌 다음 먹기 좋은 크기로 자른다.

달걀노른자와 설탕을 휘핑한 다음 단호박페이스트를 섞는다. 이때 잘 섞으면 머랭과 박력분을 섞었을 때 먹음직스러운 노란색을 띠게 된다.

영양이 듬뿍 담겨 있는 단호박 롤케이크에 사용하는 호박은 완전히 푹 익힌 단호박을 사용한다.

단호박은 씨와 섬유질 껍질을 제거하여 분량을 준비한 다음, 한입 크기로 잘라서 내열접시에 담아 랩을 씌운다. 전자레인지를 강(500W 기준)으로 조절하고 6분 정도 돌려서 단호박이 부드러워질 때까지 가열한다. 단호박 표면의 수분을 제거하고 포크로 으깬다. 이번에는 랩을 씌우지 않은 상태로 전자레인지에서 3~5분 정도 돌린다. 도중에 꺼내어 상태를 확인해 가면서 왼쪽 사진처럼 수분이 날아갈 때까지 가열한 뒤 식힌다. 단호박은 반죽용으로 50g을 따로 구분하고, 나머지 크림용에는 설탕을 넣어 잘 섞어둔다.

마롱 롤케이크

잘게 썬 마롱글라세를 반죽에 넣어 만든 롤케이크입니다.
마롱페이스트는 단맛에 따라 설탕을 넣으세요.

재료
(29×29cm 사각팬 1개 분량)

- 달걀흰자 3개분
  설탕 60g
- 달걀노른자 3개분
  설탕 20g
- 박력분 50g
- 마롱글라세 50g

마롱크림
- 마롱페이스트 150g
  생크림 200㎖

Memo

마롱페이스트
삶은 밤을 으깨서 설탕 등을 넣은 것. 마롱페이스트는 굳기 상태와 단맛이 다양하다. 여기서는 단맛이 적은 것을 사용하였으므로, 사용하는 페이스트에 따라 설탕의 양을 조절한다.

준비

☐ 마롱글라세는 묻어 있는 설탕을 가볍게 털어내고 잘게 썬다.
☐ 사각팬에 종이포일을 깐다.
☐ 오븐을 190℃로 예열한다.

만드는 방법

1 비스퀴 반죽의 기본 롤케이크 ①~⑰을 참고하여 반죽을 만든다. 달걀노른자와 설탕을 휘핑한 후 마롱글라세를 넣고(**POINT**⭐). 이전과 같은 방법으로 반죽을 구워낸 다음 식힌다.

2 오른쪽 설명과 같은 방법으로 마롱크림을 만든다.

3 1의 시트에 칼집을 넣은 다음 마롱크림을 바르고, 51p의 ㉔~㉜의 방법으로 만든다. 종이포일로 만 상태에서 한 번 더 랩으로 싸서, 냉장고에서 1시간 이상 굳힌 다음 먹기 좋은 크기로 자른다.

POINT 1

마롱글라세는 달걀노른자와 설탕을 휘핑한 다음에 넣어 고루 섞는다.

마롱크림

1 마롱페이스트에 생크림 50㎖를 넣어 부드럽게 만든다.

2 나머지 생크림을 잘 부풀도록 휘핑한 다음 **1**을 넣고 섞는다.

바닐라 롤케이크

농후한 커스터드버터크림을 넣은 부드러운 식감의 롤케이크입니다.
달콤한 바닐라 향이 솔솔 풍겨서 더욱 먹음직스럽답니다.

재료
(29×29cm 사각팬 1개 분량)

- 달걀흰자 3개분
- 설탕 60g
- 달걀노른자 3개분
- 설탕 20g
- 바닐라 빈 1/3개
- 박력분 50g

커스터드버터크림

- 달걀노른자 3개분
- 설탕 70g
- 바닐라 빈 1/3개
- 박력분 20g
- 우유 200㎖
- 무염버터 80g

Memo

바닐라 빈

부드럽고 달콤한 향을 내는
바닐라 빈은 빼놓을 수 없
는 중요한 향신료.

준비

□ 반죽에 사용할 바닐라 빈은 오른쪽 설명을
참고하여 씨를 제거한 뒤 설탕과 섞는다.
□ 사각팬에 종이포일을 깐다.
□ 오븐을 190℃로 예열한다.

만드는 방법

1 비스퀴 반죽의 기본 롤케이크 ①~⑰을 참
고하여 반죽을 만든다. 달걀노른자와 섞을
설탕에는 바닐라 빈을 넣어둔다(**POINT 1**). 이
전과 같은 방법으로 반죽을 구워내 식힌다.

2 아래 설명과 같은 방법으로 커스터드버터크림
을 만든다.

3 1의 시트에 칼집을 넣은 다음 커스터드버터
크림을 얇게 펴바르고, 51p의 ㉔~㉜의 방법
으로 만다. 종이포일로 만 상태에서 한 번 더
랩으로 싸서, 냉장고에서 1시간 이상 굳힌 다
음 먹기 좋은 크기로 자른다.

POINT 1

바닐라 빈의 껍질에 세로로 길게 칼집을 넣
어 벌린다. 식칼의 끝부분으로 속에 있는 씨
를 긁어낸다.

씨를 분량의 설탕에 넣는다

설탕과 바닐라 빈을 손가락으로 비벼가며 섞
는다. 이렇게 하면 바닐라 빈이 반죽에 골고
루 섞인다.

커스터드버터크림

37p의 메이플커스터드 만드는 방법을
참고한다. 설탕과 달걀노른자를 섞은 것
에 바닐라 빈을 넣어 크림을 만든다. 버
터 80g은 크림 상태로 부드럽게 녹여
마지막에 넣고 잘 섞는다.

시나몬 애플 롤케이크

스파이시한 향을 즐길 수 있는 시나몬 향의 시트에
껍질째 꿀조림으로 만든 사과를 넣어 만들었습니다.

재료
(29×29cm 사각팬 1개 분량)

┌ 달걀흰자 3개분
└ 설탕 60g

┌ 달걀노른자 3개분
└ 꿀 20g

┌ 박력분 50g
└ 시나몬 2작은술

사과 꿀조림

┌ 사과(홍옥) 450g
│ 레몬즙 1큰술
└ 꿀 50g

┌ 생크림 150㎖
└ 설탕 2큰술

준비

☐ 사각팬에 종이포일을 깐다.
☐ 오븐을 190℃로 예열한다.

만드는 방법

1 비스퀴 반죽의 기본 롤케이크 ①~⑰을 참고
하여 반죽을 만든다. 달걀노른자에는 꿀을 넣어
휘핑한 다음 시나몬과 섞고, 체에 쳐둔 박력분
을 섞는다. 이전과 같은 방법으로 반죽을 구워
내 식힌다.

2 사과 꿀조림을 만든다. 사과는 잘 씻어서 껍질
을 제거하지 않은 상태에서 심만 제거하여 빗모
양썰기 한다. 사과에 레몬즙을 뿌리고 꿀을 넣
어 조린다(**POINT** ✿).

3 칼집을 넣은 **1**의 시트에 생크림과 설탕을 휘
핑해서 바르고, 사과를 가지런히 올려놓는다
(**POINT** ✿). 51p의 ㉔~㉜의 방법으로 롤을 만
다. 종이포일로 만 상태에서 한 번 더 랩으로 싸
서, 냉장고에서 1시간 이상 굳힌 다음 먹기 좋
은 크기로 자른다.

사진처럼 사과가 부드러워질 때까지 조린다.
계절의 영향으로 사과의 수분량이 많을 경우
에는 사과의 물기를 제거한다. 조리고 남은
시럽은 칼집을 넣은 시트에 발라도 좋다.

시트의 끝 쪽에는 크림을 약간 얇게 바른다.
크림 위에 사과 꿀조림을 간격을 두고 가지
런히 올려놓는다. 사과가 크림 속에 박히도
록 가볍게 누른다.

아몬드 롤케이크

껍질도 함께 갈아 넣은 아몬드파우더로 비스퀴 반죽에 모양과 고소함을 더했습니다.
농후한 풍미의 프랄린초콜릿을 곁들여 만들어보세요.

재료
(29×29cm 사각팬 1개 분량)

- 달걀흰자 3개분
- 설탕 50g

- 달걀노른자 3개분
- 설탕 30g

- 박력분 30g
- 아몬드(껍질째 간 것) 30g

프랄린초콜릿크림

- 다크 커버처 초콜릿 120g
- 생크림 150㎖
- 프랄린페이스트 50~70g

Memo

프랄린페이스트

볶은 너트류에 캐러멜을 묻힌 것을 갈아서 페이스트 상태로 만든 것. 아몬드와 헤이즐넛 등 여러 가지 프랄린이 있다. 고소하고 풍부한 맛이 난다.

준비

- ☐ 박력분과 아몬드파우더는 섞어서 체에 친다(**POINT 1**).
- ☐ 사각팬에 종이포일을 깐다.
- ☐ 오븐을 190℃로 예열한다.

만드는 방법

1 비스퀴 반죽의 기본 롤케이크 ①~⑰을 참고하여 반죽을 만든다. 아몬드파우더와 섞은 박력분을 넣고 반죽을 구워낸 다음 식힌다.

2 오른쪽 설명과 같은 방법으로 프랄린초콜릿크림을 만든다.

3 칼집을 넣은 **1**의 시트에 **2**의 크림을 바르고, 51p의 ㉔~㉜의 방법으로 만다. 종이포일로 만 상태에서 한 번 더 랩으로 싸서, 냉장고에서 1시간 이상 굳힌 다음 먹기 좋은 크기로 자른다.

POINT 1

아몬드파우더를 거르고 난 후 체에 약간 남아 있는 분량도 모두 반죽에 털어넣는다.

프랄린초콜릿크림

잘게 썬 커버처 초콜릿에 가열한 생크림을 넣어 녹인다. 부드럽게 섞어준 다음 프랄린페이스트를 넣어 고루 젓는다. 쿠키나 마카롱 사이에 바르거나 케이크를 장식할 때도 사용하면 좋다.

마롱 수플레 롤케이크

이 수플레 시트는 버터와 박력분을 가열해서
글루텐의 활동을 억제하여 만듭니다.
부드럽고 농후한 맛, 입 안에서 사르르 녹는 맛이 일품입니다.
롤 사이에 가득한 크림과 노란 밤조림이 예쁜
먹음직스러운 롤케이크입니다.

재료(29×29cm 사각팬 1개 분량)

수플레 시트

무염버터 20g
박력분 35g
우유 100㎖
달걀노른자 4개분

달걀흰자 4개분
설탕 80g

시럽

밤조림 통조림 시럽 1큰술
물 1큰술
브랜디 1작은술

밤조림 150g
브랜디 2작은술

생크림 150㎖
설탕 1큰술

준비

☐ 사각팬에 종이포일을 깐다.
☐ 오븐을 190℃로 예열한다.

만드는 방법

1 박력분을 버터로 볶기

냄비에 버터를 녹인 다음 박력분을 넣고 약한 불로 볶는다. 금방 섞여서 부드러운 상태가 된다.

2 우유 넣기

차가운 우유를 한 번에 붓는다. 은근한 불에 저어주다가 되직해지면 불에서 내린다.

3 달걀노른자 넣기

달걀노른자를 넣고 재빨리 섞는다. 부드러운 반죽이 된다.

4 머랭과 섞어 반죽 굽기

달걀흰자에 설탕을 2~3번에 나누어 넣어가며 뿔이 뾰족하게 설 때까지 휘핑한디. 머랭의 일부를 덜어 3에 넣고 부드럽게 저어준다. 따뜻한 상태의 반죽을 머랭이 담겨 있는 볼에 모두 넣는다. 비스퀴 반죽의 기본 롤케이크 ⑫~⑰을 참고하여 180℃의 오븐에서 15분 정도 반죽을 굽는다.

5 시트 식히기 & 롤 말기

밤조림은 잘게 썰어 브랜디를 뿌려둔다. 시트에 칼집을 넣은 다음 시럽의 재료를 섞어 시트에 바른다. 생크림과 설탕을 휘핑해서 시트의 표면에 바르고 밤을 올려놓는다. 51p의 ㉔~㉜의 방법으로 롤을 만든다. 종이포일로 만 상태에서 한 번 더 랩으로 싸서, 냉장고에서 1시간 이상 굳힌 다음 먹기 좋은 크기로 자른다.

데커레이션 롤케이크

간단한 기본 롤케이크에 데커레이션만으로 화려하게 변화를 주었습니다.
평범했던 롤케이크가 기념일을 위한 멋진 케이크로 다시 태어납니다.

딸기 케이크

롤케이크를 살짝만 응용하면 원형 케이크팬이 없어도
멋진 원형 케이크를 만들 수 있습니다.
케이크를 자른 단면에는 크림과 시트가 세로줄무늬로 나타납니다.

재료
(29×29cm 사각팬 1개 분량)

달걀 3개	생크림 300㎖
설탕 80g	설탕 3큰술
박력분 50g	딸기 300~400g
	민트 잎 적당량

준비
☐ 제누아즈 반죽으로 만드는 기본 롤케이크
　①~⑬을 참고하여 시트를 구워내 식힌다.

만드는 방법

1 생크림과 설탕을 충분히 휘핑한 다음. 딸기 200~300g을
덜어내 3~4등분으로 얇게 저민다. 나머지 딸기는 장식용
으로 보기 좋게 썬다.

2
8p의 ⑯~⑱을 참고
하여 종이포일을 떼어
낸 다음 시트를 5cm
폭으로 자른다.

3
생크림의 3분의 2를
덜어낸다. 거기서 약
간 남겨두고 2에 얇게
펴바른다. 딸기를 사
진처럼 서로 엇갈리게
해서 올린다.

4
약간 남겨둔 크림을
딸기 위에 군데군데
떨어뜨리고, 골고루 얇
게 펴바른다.

5
끝 쪽의 한 장을 돌돌 만다.

6
접시 한가운데에 세우고
나머지 네 장을 중심의 케
이크에 이어서 돌돌 만다.

7 크림과 딸기가 떨어지지
않도록 주의하면서 끝까
지 만다.

8 다 말아놓은 상태. 가볍게
눌러서 모양을 정돈한다.

9
윗면에 삐져나온 크림을
평평하게 편 다음. 남아
있는 3분의 1의 크림을
케이크 전체에 고루 바른
다. 장식용 딸기와 민트
잎을 올려 장식한다.

뷔슈 드 노엘

크리스마스 케이크의 정석이라 할 수 있는 뷔슈 드 노엘(Bûche de Noël)!
롤케이크에 초콜릿크림으로 소박한 통나무 모양을 꾸며봤습니다.
다양한 반죽과 크림을 적용하면 또 다른 느낌의 케이크를 만들 수 있습니다.

재료
(29×29cm 사각팬 1개 분량)

- 달걀 3개
- 설탕 80g
- 박력분 50g

- 다크 커버처 초콜릿 160g
- 생크림 150㎖
- 럼주 2작은술

- 생크림 100㎖
- 슈거파우더 적당량
- 크리스마스 데커레이션용 쿠키

준비

□ 제누아즈 반죽으로 만드는 기본 롤케이크 ①~⑬을 참고하여 반죽을 만들어 구워낸 다음 식힌다.

만드는 방법

1 잘게 썬 커버처 초콜릿에 가열한 생크림을 넣어 녹이고 부드럽게 섞는다. 럼주를 뿌려서 풍미를 더한다.

2 

제누아즈 시트에 칼집을 넣은 다음 1의 3분의 1을 펴 바르고, 9p의 ㉔~㉝의 방법으로 만다. 종이포일로 만 상태에서 한 번 더 랩으로 싸서, 냉장고에서 1시간 이상 굳힌다.

3 

생크림을 가볍게 휘핑한 다음, 1의 남아 있는 분량을 넣고 폭신하게 거품을 내 데커레이션용 초콜릿크림을 만든다.

4 

롤케이크의 양끝을 약간 잘라낸 다음 4분의 1 정도 되는 부분을 비스듬히 자른다.

5 

작은 케이크의 반듯한 단면에 초콜릿크림을 발라준 다음 기다란 케이크에 올려서 붙인다.

6 

이어붙인 부분에 크림을 발라 보강하고 스패출러를 사용하여 롤케이크 전체에 오른쪽 사진처럼 크림을 바른다. 좋아하는 쿠키나 크리스마스 장식으로 다양하게 꾸며준다. 작은 체에 슈거파우더를 넣고 케이크 위에 살살 뿌린다.

^{저자} 오가와 세이코(小川聖子)

일본여자영양대학 졸업. 실패하지 않고 쉽고 간단하게 만드는 쿠키와 요리로 인기를 얻고 있는 요리연구가이다. 명쾌한 말솜씨로 TV 요리프로그램 및 잡지 등에서 폭넓게 활약 중이다. 쿠키는 초등학생 때부터 만들기 시작했다. 이 책에서는 가장 쉽고 간단하게 만들 수 있는 두 종류의 반죽에 캐러멜, 호지차 등 다양한 재료로 풍미를 더한 롤케이크를 소개하고 있다.

역자 김수연

한양대학교 일본언어·문화학과를 졸업했으며 일본 동해(東海)대학교에서 일본어 공부를 했다. 현재 엔터스코리아 출판기획 및 일본어 전문 번역가로 활동 중이다. 주요 역서로는 〈안데르센 동화 종이 오리기〉, 〈스타일리시 손뜨개〉, 〈톡톡 튀는 냥이'S 아이디어 소품 DIY〉, 〈작은 강아지를 위한 스웨터 소품〉, 〈간단 종이접기대백과〉, 〈게임보다 재미있는 가족 캠핑놀이 66〉, 〈눈 모양 종이오리기〉 등이 있다.

스위트 롤케이크

1판 1쇄 인쇄 2015년 12월 10일
1판 1쇄 발행 2015년 12월 23일

저　자 | 오가와 세이코
역　자 | 김수연
출　력 | 카이로스
인　쇄 | 도담프린팅

발행인 | 손호성
펴낸곳 | 봄봄스쿨

일원화 | 북센

등　록 | 제 312-2008-000012호
주　소 | 서울시 마포구 동교동 169-17 402호
전　화 | 070.7535.2958
팩　스 | 0505.220.2958
e-mail | atmark@argo9.com
Home page | http://www.argo9.com

ISBN 979-11-5895-014-9 13590